Canada
and
Climate Change

气候变化
与人类未来

[加] 威廉·莱斯 William Leiss ——— 著

何畏　姜礼福 等 ——— 译

江苏人民出版社

图书在版编目（CIP）数据

气候变化与人类未来／（加）威廉·莱斯著；何畏，
等译. 一 南京：江苏人民出版社，2025. 7.
ISBN 978－7－214－29608－5

Ⅰ. P467；K02

中国国家版本馆 CIP 数据核字第 2024WB0759 号

书　　　名	气候变化与人类未来
著　　　者	[加]威廉·莱斯（William Leiss）
译　　　者	何　畏　姜礼福　等
责 任 编 辑	贺银垠　陈　颖
特 约 编 辑	彭欣然
装 帧 设 计	Sunday Design
责 任 监 制	王　娟
出 版 发 行	江苏人民出版社
地　　　址	南京市湖南路 1 号 A 楼,邮编:210009
照　　　排	江苏凤凰制版有限公司
印　　　刷	江苏凤凰扬州鑫华印刷有限公司
开　　　本	652 毫米×960 毫米　1/16
印　　　张	17.25　插页 1
字　　　数	172 千字
版　　　次	2025 年 7 月第 1 版
印　　　次	2025 年 7 月第 1 次印刷
标 准 书 号	ISBN 978－7－214－29608－5
定　　　价	78.00 元

（江苏人民出版社图书凡印装错误可向承印厂调换）

目 录

中文版序言

对于世界各国,尤其是那些温室气体排放大国而言,气候变化影响深远。这主要有三个原因。第一,现代科学耗费了近一个世纪的时间去认识气候变化问题,并评估了它的起因、紧迫性及其潜在影响,最终确定了一个看似可行的解决方案。第二,解决方案(阻止人类排放温室气体)抨击了迄今为止一切工业进步的基础,即它抨击了化石燃料这一燃料资源的使用。第三,气候变化问题的核心是一个致命的悖论:预期的最坏影响只有到未来某一时刻才会凸显,但如果我们到那时再开始行动,那么无论各国政府采取何种措施,都将可能无法阻止气候变化带来的恶果。

为什么我们应当相信气候变化威胁的存在?当我们深入研究上述三大原因时,答案显而易见。第一,科学地认知气候变化肇始于19世纪90年代,逐步完善于1990年。这意味着来自世界各地的一大批科学家已经能够劝说各国政府采取必要措施以应对气候变化。1994年,《联合国气候变化框架公约》(*United Nations Framework Convention on Climate Change*,UNFCCC)开始生效。第二,这批科学家将精心设计的模型和证据整合到高度复杂的技术性报告中(这项工作持续到今天),旨在明确大气中温室气体浓度上升的主要原因及其严重性。第三,科学家们达成坚定共识:除非能够阻止温室气体浓度持续上升,否则地球上的每个生物都会遭受灭顶之灾。譬如,海平面上升导致居住着数十亿居民的沿海城市被淹没;农作物严重歉收导致粮食短缺;以飓风、特大暴雨和干旱为代表的极端天气;温带、热带和寒带的森林被大范围破坏;次生灾害,如大规模人口流动(气候难民)、经济崩溃。

迄今为止,相较于上述原因,还有另一个问题困扰着我们:气候变化不是哪个国家或哪几个国家可以独自解决的问题。尽管温室气体对不同地区施加的影响各有不同(例如,北半球的偏远地区和整个南半球所受影响更为严重),但来自世界各地的温室气体是混合在全球大气中的。既然气候变化在本质上是一个全球性问题,那么,这个问题只能依据 2015 年的《巴黎协定》(*Paris Agreement*),通过全球性协同行动解决。根据该协定,各国责任有所不同。例如,较发达国家有义务向较不发达的国家提供财政援助,以助其实现脱碳目标。

本书以我本人所在的国家(加拿大)为研究焦点,但我在书中所收集的证据、进行的分析具有更广泛的适用性。毕竟,虽然加拿大人口规模不大(即便疆域辽阔),但它目前仍是全球第十一大温室气体排放国。而且,按人均温室气体排放量计算,加拿大位列全球前三。就整体的气候变化问题而言,加拿大与许多人口较多的国家拥有相同特点,面临类似挑战:它们都拥有庞大的化石燃料产业;它们的经济体系都涵盖大型的运输部门和重工业部门;在过去的 30 年里,它们一直努力争取大幅减少温室气体排放,但都收效甚微。正是因为这些原因以及其他一些影响因素,本书讨论的经验教训也适用于包括中国在内的其他国家。

到目前为止,虽然中国是世界上最大的温室气体排放国,但就人均排放量而言,中国远远低于人均排放量居于榜首的国家;而且,自工业化以来,中国的累计碳排放量一直远低于北美和西欧国家。总体来说,中国和世界上其他所有的主要温室气体排放国一样,面临着两大基本挑战:(1)如何在保持经济增长的同时,寻找提供工业生产和公民日常生活能源的化石燃料替代品;(2)如何开始准备并逐步适应即将出现的随气候变化而来的负面影响,包括干旱、洪水、海平面上升、极端天气以及粮食断供。无论在未来几十年里中国的经济、社会和政治体系有多么强大,它仍将与全球各个主要温室气体排放国一起,共同面对这两大严峻挑战。相对于危机的严重程度而言,留给我们作好应对准备的时间不多了,或许我们只有短短几十年。如果我们在未来的二三十年内不积极应对,那么之后想要避免更严重的恶果则为时已晚。

近年来,中国在通过环境政策和清洁技术减少温室气体排放方面,已经有了一个良好的开端。这些举措的关键一步在于确定一项覆盖广泛的生态保护计划,并承诺中国力争于2030年前实现碳达峰,2060年前实现碳中和。这些积极的措施具体包括:建立全国碳排放权交易系统,发展可再生能源技术——风能、太阳能(光伏照明)、水能、生物质能(在这一方面,中国正在成为世界领导者），减少燃煤电厂的温室气体排放，推广电动汽车，减少整个经济体三分之一的碳排放，以及植树造林。这些举措还带来了改善空气质量和水质等好处。由于得到了中央政府的大力支持，上述各项措施预计都可以顺利实施。

但仍有许多工作尚待完成。总之，各大温室气体排放国都将面临气候变化带来的严峻挑战，这类挑战丝毫不逊色于各国在第二次世界大战中面临的危机；对中国而言，解决气候变化问题的困难程度不亚于当年中国人民抵御外来武装侵略、争取民族独立。我坚信，中国在绿色能源（尤其是太阳能和风能）技术领域的卓越的工业领导地位，可能是全世界成功应对全球变暖这一严重威胁的最重要因素。

作为本书作者，我很荣幸能见证中文版的出版。同时，我也希望中国的读者们能从我对气候变化问题的分析中有所收获。

威廉·莱斯

译者序

　　威廉·莱斯(William Leiss),1939 年出生于美国纽约州长岛的一个德国移民家庭。1965 年,他进入美国加州大学圣地亚哥分校攻读哲学博士学位,师从法兰克福学派代表人物赫伯特·马尔库塞(Herbert Marcuse)。1969 年,他以论文《自然的控制》(*The Domination of Nature*)获得博士学位。随后的数十年中,他在包括多伦多大学在内的加拿大的十所知名大学,跨越多个学科领域,进行了广泛且深入的科研工作,其研究主要聚焦于资本主义生态批判。1990 年,威廉·莱斯当选加拿大皇家学会院士,并在 1999—2001 年担任加拿大皇家学会主席。2004 年,因其在风险管理与控制领域作出的突出贡献,他获得了加拿大最高荣誉之一———加拿大总督功勋奖(Order of Canada)。目前,威廉·莱斯担任加拿大女王大学政治学系终身教授,并兼任加拿大渥太华大学麦克劳克林人口健康风险评定中心顾问一职。对于国内学界,特别是关注生态问题的学者来说,威廉·莱斯的名字并不陌生。1972 年,他的著作《自然的控制》一经问世即引起国际学术界的广泛关注,被翻译成多种语言,多次再版,成为生态学马克思主义领域的经典文献。加拿大学者本·阿格尔(Ben Agger)在《西方马克思主义概论》一书中对他给予了高度评价,认为他是将生态学马克思主义观点"表达得最清楚、最系统的生态左翼人士"。国内学界对他的了解始于 20 世纪 90 年代《自然的控制》中译版的出版,2016 年,他的另一部力著《满足的限度》(*The Limits to Satisfaction*)也被翻译成中文出版,促使国内学界对他的思想有了进一步的关注和思考。

本书得以顺利出版,首先要感谢作者威廉·莱斯的倾力支持。2022 年 11 月,本书的英文初版在加拿大麦吉尔-女王大学出版社出版,题为《加拿大与气候变化》(*Canada and Climate Change*)。对于中译版的翻译出版,他慷慨地授予其著作权,并对翻译过程中遇到的大大小小的问题都给予了耐心细致的解答,同时还提议将中译版的书名改为《气候变化与人类未来》。本书得以出版,也要感谢我的博士李哲。与威廉·莱斯的学术交往,正是源于李哲博士选取了莱斯的资本主义生态批判理论作为其博士论文的研究对象,他们近三年来的 100 余封学术通信中也包含了对本书的细节敲定、个别观点的交流沟通以至最后的更正等。

本书的翻译是团队通力合作的智慧结晶,我谨向翻译合作者表示衷心的感谢,他们是:南京航空航天大学姜礼福教授、巫和雄副教授、刘林娟副教授、施灿业副教授、刘晓副教授、黄璐老师和李哲老师。我的研究生于静雯、刘展源、程溢春和成梓言参与了图表、数据等的校对工作,一并表达感谢。本书体量不大,但包含了不少生态学和气候科学上的专有名词,加之有大量图表和单位转换等,都增加了翻译的难度。团队针对翻译过程中遇到的问题反复展开研讨,统稿时进行了多轮互校,最终由我校对定稿。因此,文中出现的误差,当由我承担责任。

在此次翻译工作中,我们与莱斯不仅就语言转化上的问题有过多次交流,而且就个别观点进行了细致的探讨及修订。这个过程不仅加深了我们对全球气候问题的理解和认识,也激发了莱斯进一步探究中国生态文明建设取得巨大成就背后的原因的热情。我想,这就是文化交流令人着迷之处。

最后,衷心感谢江苏人民出版社的戴亦梁副总编和陈颖老师,她们的耐心指导使得本书顺利出版。同时,还要感谢所有在翻译、出版过程中给予友好帮助的朋友们。愿本书的出版能够让更多人主动关心气候问题与人类未来,为建设人类共同的地球家园贡献个人力量。

何 畏

二〇二四年新秋于南京航空航天大学

前　言

　　写一本关于气候变化问题的小书很有可能是愚蠢至极的尝试，因为有关气候变化的书籍浩如烟海，已经足够人们学习终生。此外，无论是在理论层面抑或实践层面，气候变化问题都引发了激烈的争论。尤其对包括加拿大在内的许多化石燃料生产国来说，激烈的争论总是使政治决策的落实陷入瘫痪。在实践层面上，世界上所有的主要国家都已经在气候治理方面努力了30年，试图对气候变化进行有效的处理。截至本书撰写之时，它们仍在为此努力。面对现有气候政策的治理困境，政客们最常见的反应是郑重其事地承诺减少温室气体排放。而履行承诺却遥遥无期，等到必须兑现承诺的时候，他们肯定已经不再当政，且极有可能已经得到了预期的回报。所以，过去30年气候情况基本没有发生什么实质性变化。

　　尽管如此，本书写作的初衷仍然是进一步引导人们解决气候变化问题，特别是加拿大的气候变化问题。鉴于这个问题覆盖范围有限，本书只是面向特定读者，并为他们提供一种特定的研究方法，这样的做法在当下或许不无裨益。与此同时，本书的写作时间也很凑巧。加拿大联邦政府和至少两个主要的省级政府——不列颠哥伦比亚省政府以及魁北克省政府，都从公共政策层面重新发布了加拿大应对气候变化的承诺，这些承诺较之以前更加坚定。联邦立法部门甚至在 2021 年将这些承诺写进了法律。因此,处理气候问题的时机也许已经成熟了。

本书的目标受众是受过教育的普通读者,而非学术专家。专家们大可以说,他们不需要这本书。同时,我希望中学生、低年级的大学生能够阅读本书,以作入门之用。因此,本书大幅减少了对专业文献的引用,不过,附录部分为每一章提供了详尽的阅读建议,以便读者们进行更深入的研究。该建议中列出了大量互联网资料,但同时,本书也就如何谨慎地使用这些资料作出了明确警示。

本书讨论问题的策略乍看上去可能有点奇怪,尤其是前几章我所选择的讨论焦点。实际上,我的意图是用清晰的语言概述专家们对气候变化的科学解读。这是因为我并没有气候科学方面的学术背景,也许,选择以这种形式讨论气候问题跟前文所提及的做法一样愚蠢。不过,我是充分考虑到大众的教育背景才选择采用这样的研究策略的:加拿大和其他地区的普通公民中的大多数人都与我一样,不是气候科学及相关领域的专家,但他们仍然需要明确了解学界为什么以及如何采用某一方式应对气候变化。具体而言,作为公民的我们需要具备回答"何为气候?""气候与天气有何不同?"等基本问题的能力。简而言之,如果我们最初没有充分掌握有关气候变化的基本知识,那么在试图对气候变化问题作出判断方面所取得的任何进展都是毫无意义的。

本书所讨论的素材都经过精心筛选,并通过了可信度和可靠性的评估。诚然,并非所有人都会认同这样的取舍,但也只能如此了。在写气候科学综述的时候,本书选取了针对地球历史进行研究的说明性案例,并提供了佐证各种发现的证据。这些案例涵盖了地球几十亿年的历史。另外,我还研究了一些备受关注的领域,比如气候科学家是如何预估近期和未来气候在不同情况下的变化可能,以及为什么气候科学家认为他们的发现对我们其他人而言是科学且可靠的。

之后的章节中,我回顾了目前气候变化领域的主要问题,这些问题影响到加拿大和其他地区的公民当下及随后几年都要面临的选择,它们主要包括:

(1)在减缓温室气体排放方面,加拿大减缓排放的原因和方法是什么?其速度和力度如何?

(2)在适应气候变化方面,从气候对遥远的北方、农业和海平面上升等的影响来看,加拿大人口会发生什么变化?

(3)在公平性问题方面,在气候变化领域存在严重不平等的当下,加拿大人民需要承担何种责任以实现特定的治理目标?

接下来几章阐述的重点:一旦读者对气候变化问题——包括"什么是气候和气候变化?""科学家用了哪些方法对气候问题进行描述?"——有了基本了解,理解其他问题就容易多了。为了帮助读者们了解气候科学及其研究方法,我在这几章集中展示了科学家们收集的关于气候变化的许多实例,为地球气候史上许多不同的阶段和事件勾勒出一幅清晰的全景图。这是因为,气候科学家在工作中要讨论因果命题,就必须提供令人信服的证据。

本书试图以概要的形式论述两个与气候相关的内容。其一，讲述气候科学的发展历程及其核心观点，即人为的温室气体排放的无限制增长对气候系统构成了"危险的干扰"。其二，介绍世界各国对气候科学核心观点的回应。这两个内容的联系在于都认识到所有国家需要联合起来，共同阻止大气中温室气体浓度的持续上升。这些之所以与当下息息相关，是因为到目前为止，包括加拿大在内的这些国家都未能充分满足这一需求。

向气候科学家学习有关气候和气候变化的证据性基础知识，可以帮助我们知晓身为公民，我们应该且必须做些什么。我们终将认识到，我们必须控制并最终消除人为的温室气体排放，我们必须准备好适应即将影响全球的气候变化，我们必须帮助世界上仍在发展的国家获得必要的替代能源生产技术，使它们能够避免排放温室气体。虽然兑现这些承诺会付出一定的成本，但我相信，一旦加拿大人民理解了气候变化的现状，他们就会达成一致，并通过纳税支持这三个目标的实现。同时，随着时间的推移，他们会愈发坚定地相信，他们正在做正确且恰当的事情。

绪　论

　　无论是在很久以前，还是在最近几年，人类都面临过许多真正的灾难性风险，但气候变化这样的风险从未降临过。我所提及的"灾难性风险"，指的是涉及重大生命损失以及经济灾难的惨痛经历。此处列举一个久远的案例，即始于 14 世纪的黑死病，它杀死了欧洲三分之一的人口。到了 20 世纪，我们经历了两次世界大战，造成了大规模的破坏和数千万人的伤亡。随后，由"确保相互摧毁"思想支配的冷战开始，潜在的大规模核战争随时有可能终结全球最发达的社会文明。当然，除此之外，类似的风险还有 1918—1920 年以及 2020—2022 年泛滥的大流行病。

　　从古至今，我们所遭遇的灾难性风险都有一个共同点，即这些风险带来的灾难性后果是突然出现在人类生存环境中的（即便爆发大规模核战争，也是如此）。在此处提到的每一种情况下，以及在本书尚未提及的许多种情境下，各地域的人们立刻察觉到了灾难性风险带来的消极影响。此外，就所有现代风险而言，其原因都是肉眼可见的。因为人们清楚两次大流行病以及两次世界大战的前因后果，同时也明确知晓如若发射以氢弹为弹头的弹道导弹，整个城市就会在瞬息间灰飞烟灭。所以，人们对灾难性风险会在极短时间内造成十分糟糕的后果是清楚的，这并不令人困惑。

当我们把某件事认定为一种风险时，我们已经预先确定了这件事的前因后果会造成一定的负面影响。此类事件具有发生的可能性，意味着在未来某个时刻，无论是遥远的未来抑或不久的将来，它都有可能带来伤害。当我们足够了解灾难性后果的时候，我们可以尝试（有时甚至是满怀信心地）去预测有可能发生的事情。例如，我们都很熟悉每日的天气预报。它会提前告知我们未来某一天有 40% 的降水概率，让我们早作准备。类似地，当严重的风险事件来临时，公民需要根据事件发生的概率去理解警告的科学含义，从而保护自己和家人。在新冠肺炎病毒引发公共卫生危机的早期阶段，官员们曾报告，新冠肺炎病毒的变异毒株比早期毒株的传染性高出 60%，并有可能出现第三波大流行。后来的事实证明，这个预测是准确的。所以，类似的专家预判可以帮助我们提前规划各种措施，从而减少灾害带来的损失。但是，这些措施有效的前提是，公民必须对风险的性质与特点有所了解，并在病毒大流行期间及时作出必要的反应，比如戴口罩、保持社交距离、进行隔离、实行旅行限制等。

我们时常在糟糕的事情发生之后才开始追忆往昔，想知道我们是否能够提前预知，是否能在预知后提前采取相应的预防措施用以减轻甚至避免其带来的损害。举个更早的例子，直至 1912 年，许多观察者认为，一场波及欧洲大陆多个国家的战争几乎是不可避免的。而这场战争在 1914 年真的发生了。

类似的预测认为，最迟在 1938 年极有可能会发生一场战争，实际情况是，战争开始于距离 1938 年不久的 1939 年 9 月。 在 2019 年 12 月真正出现新冠肺炎病毒感染之前，就有专家预测，由流感病毒或冠状病毒的毒株引起的大流行病极有可能在数年内发生。 其实，在 2003 年严重急性呼吸综合征（SARS）爆发后，许多西方国家政府都规划并实施了"大流行病应对计划"，但是在 2019 年，它们却相继裁撤了大流行病预警部门，放松了警惕。 因此，当新冠肺炎病毒突袭之时，西方政府毫无防备。 总而言之，我们需要明确一个重点：除非故意对灾难性风险视而不见或是被有意误导，无论是专家抑或普通群众，都不可能在灾难开始之初完全不认识它，也不可能在灾难发生之后完全不了解紧随它而来的可怕后果。

然而，人类从未面对过气候变化这样的风险。 与大流行病、战争、经济崩溃，以及类似飓风这般威力巨大的自然灾害等风险相比，气候变化相关的潜在危害不易被掌握，而其负面影响却显而易见。 除此之外，专家预计，在未来几十年或是几个世纪内，气候变化最严重的影响将逐渐显现。 在今后的许多年，人们甚至都处于一种肉眼不可见的灾害演变进程中。而且，其他会带来直接或间接严重后果的危机，例如大流行病、经济动荡、强国之间的局势紧张等，都有可能分散执政者与公众对气候变化风险的关注。 对此，我们从 2022 年的俄乌冲突中可见一斑。

如前所述，在接下来的讨论中，我将采用基于风险视角的模式。 风险是一种"造成伤害的概率"。 我们每个人每天都面临着无数的风险。 首先，我们关注的是那些会对我们的幸福安康立刻产生不利影响的风险，例如车祸、危险药物、食品污染和病原体暴露等。 其次，其他潜在风险的负面影响也需要得到关注。 这些风险只会在较长的一段时间内才慢慢显现其本质，例如，由吸烟引起的癌症以及因胆固醇过高或其他因素引起的心脏病等。 但是，某些风险（比如全球变暖）是殃及几代人的风险，它只会在我们子孙后代的生命中暴露其最严重的后果。（有关气候变化风险的最新摘要，参见附录 2。）

需要提醒读者的是，在本书中，我不会讨论气候变化是否"真的"是人为因素造成的，也不会讨论气候变化是否像某些人说的那样，只是科学家为他们的科研项目筹资而炮制出来的一个骗局。 我由于没有这方面的专业知识，要弄清楚一两个气候变化否定论者的观点正确与否是没有多大意义的。 在这个问题上，我与大多数加拿大人的立场是一样的，他们会问自己："关于气候变化，我们该相信哪些人的哪些观点？ 我们该如何取舍？"其实，对于可能威胁到我们福祉的风险问题，小到与传染病疫苗接种相关的个人问题，或是关于我们年幼的孩子尝试酒精和大麻的问题，大到全球变暖等重大社会问题，我们大多数人都需要扪心自问。 我会在第四章具体阐述这部分内容。

到目前为止，我提到的每一种较为具体的风险，以及其他许多仅被我一笔带过的风险，它们背后都有着详细而复杂的科学论证过程。 这些分析从化学、物理学与生物学的专业视角入手，随后转移到例如医学及工程学等应用技术领域，最终以统计学与流行病学收尾。 美国疾病控制与预防中心（US Centers for Disease Control and Prevention）网站上的声明是这一过程的终点。 例如，它写道："烟民患肺癌或死于肺癌的概率是不抽烟人群的 15—30 倍。"这句耳熟能详的话简单直白，背后隐藏的却是大量生物学、医学以及统计学的知识。 然而，我们当中很少有人清楚这背后的巨大工作量。 任何考虑开始频繁吸传统香烟或电子烟的人（无论是烟草、大麻还是两者兼有），在看到这句警语之后都应该扪心自问："我应该相信这句话吗？ 这会不会是一场骗局？"

在寻找答案时，人们可以通过快捷的互联网检索做到他们父母在同年龄阶段无法做到的事情。 现如今，当人们输入"吸烟与肺癌"这个检索词时，就会发现有数十页的信息在解释为什么这是一个"真实"的风险，而没有任何似是而非的否认。（若是前几代人能够进行这样的搜索，他们就会发现许多由烟草公司赞助的网站，这些网站会断言吸烟与肺癌之间的关系还未经证实。）现如今，如果有人在搜索引擎中提问"全球变暖是真的吗？"（正如我在 2020 年 12 月所做的那样），他就会在搜索结果的第一页上发现，既有网站声称"31000 位科学家"表示"没有可信的证据"证明是人类导致了全球变暖，也有网站表示"97% 的气候学家认为人类活动是改变全球平均气温的一个重要因素"。 同时，人们还可以在搜索结果的第一页找到一个题为"关于全球变暖的争论"的维基百科条目，内容丰富，条分缕析，充满权威性。但是，如果一个人已经有几分相信全球变暖是一场骗局，那么，一番检索便能轻松找到大量看似有力的论据来支撑自己的观点。

现在的我们生活在完全成形的社交媒体环境中，从疫苗接种的安全性问题到美国总统的选举结果，几乎任何话题都会引发争议。这些话题驱动个体关注争议，形成共识。因此，完全可以理解全球变暖的相关话题为什么能够成为意识形态持久战的主战场。坦率地说，其实早在互联网时代来临之前，风险评估中"人为与否"的争议就已经开始了。烟草行业在吸烟和肺癌的关联问题上进行了长达数十年的法律斗争，并持续散播虚假信息。这场斗争特别引人关注，以至于1999年的好莱坞电影《惊爆内幕》以此为主题进行创作。石棉行业也发起了一项长期活动以否认其产品存在健康风险。至少在北美，烟草行业的斗争已经基本结束了，但是全球变暖问题的讨论仍在进行。气候变化争议一直存在的一个主要原因是，预计的最坏后果在未来几十年间仍是不可见的。

全球变暖与大气中的温室气体息息相关，而二氧化碳（CO_2）、甲烷（CH_4）和水蒸气是主要的温室气体（黑碳颗粒物质是一个单独的风险因素）。全球变暖的内在本质特征之一是它的影响具有延迟性。具体而言，排放到大气中的温室气体主要是由化石燃料（煤炭、石油及天然气）燃烧产生的，它们不会立刻消失或者快速以燃料的初始样态回归地球。而且，其中相当一部分气体会在大气中停留很长时间，温室效应的延迟性影响由此产生。关于这一点，后文会有所阐释。无论如何，这种延迟性导致了温室气体排放量和温室气体浓度之间产生了巨大差异。温室气体排放量指的是每天从烟囱与汽车排气管中间歇性排放的气体量。温室气体浓度指的是大气中长久维持在一定平稳状态的温室气体水平，在目前条件下，常常呈现逐年缓慢上升的趋势。

实事求是地说，导致全球变暖的部分延迟性影响是从几个世纪前就开始酝酿的。例如，在讨论大气中温室气体浓度持续上升所构成的威胁时，科学家经常提到，从始于1750年左右的工业革命开始计算，大气中的温室气体浓度翻了一倍。除此之外，与行进中的军队和数百万患病或死于疾病的人不同，我们无法明确地"看到"温室气体浓度上升这一特殊威胁本身。温室气体及其对气候的影响是隐性的，因此人们难以察觉温室气体和气候变化之间的关联。其实，即使我们有意识地找寻二者之间的关联，也极有可能因为我们呼吸的空气中温室气体的占比只有几个百分点而低估它们的实际威胁。

对我们来说，气体所代表的危险就如同气体的性状一样，是隐性且难以捉摸的。现如今，科学家告诉我们：第一，我们面临的风险是，我们即将越过一个无法直接观测到的变暖阈值；第二，一旦越过这个阈值，人类就积重难返；第三，当我们看到最糟糕的事情发生在眼前时，或许我们最终会明了这些恶劣后果是不可避免的，并且，糟糕的情况可能会在未来几个世纪内持续恶化。如下所示，我们可以用更专业的术语罗列出气候变化造成全球性影响的各种可能：

（1）从全球视角出发，通过大幅减排全力以赴避免温室气体排放量越过危险阈值的时间可能只有大约十年，即至2030年左右。

（2）即便确实越过了这个阈值，我们可能也并不会清楚地意识到；这最早可能于2050年左右发生。

（3）如果我们真的越过了这个阈值，未来事态将有可能无法扭转，除非我们试图从整体上改造全球气候（这本身具有重大风险）。

（4）最严重的后果，例如持续的严重干旱、沿海洪灾、森林破坏及其他多种影响，可能至21世纪后期才开始发生，而严重的社会动荡可能也从那时才开始。

（5）在21世纪下半叶的某个时刻，世界的未来走向可能会确定，未来的几个世纪里，气候变化的严重影响将持续恶化。

需要特别注意的是，上述五种情况都使用了"可能"一词。因为这些都是概率性事件，并不具备确定性。实际上，我们很难用数字确定这些风险事件发生的概率。但是，科学家们自很久以前就一直在强调，他们对气候变化的主要结论"非常有信心"。

过去的30年间，世界各国一直在尝试走减少温室气体排放的可持续发展之路。但是，到目前为止，除了个别情况，特别是在欧盟内部，减排政策在很大程度上都未得到落实。政客们推迟了减排行动，其中一个做法是将减排目标的达成日期设置在遥远的未来。 在大多数情况下，民众并不愿意承担比如碳定价之类的措施带来的经济成本，因为他们没有意识到处理气候变化问题的紧迫性。 虽然不采取减排行动可能给未来造成严重后果的事实已然十分清晰，但是，人类或许仍然无法应对这次风险，而且，留给人们改变现状的时间已经所剩无几。

在这本书中，我将简要评估全球，特别是加拿大面临的情况。 此处有两个主要方面需要考察。 考虑到风险是概率与后果的结合体，所以，第一个问题与我们对风险的认知有关，比如，气候变化有多大概率导致在将来某个时刻产生非常严重的后果？ 第二个问题是，会发生什么样的坏事以及会坏到什么程度？ 我们只能通过查阅世界各地气候科学界的共识性报告来回答此类问题，原因很简单，它们是这方面唯一可用且可靠的信息来源。

接着，我们需要评述针对这些科学报告的结论及指导性意见，各国会在权衡之后采取怎样的政治行动予以回应。《联合国气候变化框架公约》于 1994 年 3 月生效，是各国制定政策的依据。 正是在这一总体框架下，许多国家或者说所有国家都承诺减少温室气体排放量。 我们首先需要明确的是：世界各国尤其是加拿大是否兑现了承诺？ 如果它们作了相应的努力，又具体兑现了多少承诺呢？

厘清气候变化的这两个方面之后，我们就能明白：为了实现《联合国气候变化框架公约》的目标，即"将大气中温室气体的浓度稳定在防止气候系统受到危险的人为干扰的水平上"，我们目前的进展如何，还有多少工作需要做。

这个宗旨决定了本书随后几个章节的安排。在第一章中，为了让所有人都理解我们在气候领域所关注的问题，同时考虑到了解"气候"概念是进行深入研究的前提，我首先介绍了"气候"概念。在第二章中，为了更好地理解当前人类面临的气候问题，我们需要了解人类进化过程中的气候变化情况。在此章中，我介绍了气候史上离我们最近的两个时期——更新世和全新世的气候变化情况。在第三章中，我总结了19世纪以来现代气候科学的发展历程，特别关注了科学地使用"耦合大气环流模型"来预测未来气候变化的过程。在第四章中，我列举出充分的理由，尝试让读者们相信科学家讲述的气候故事。在第五章中，我探讨了当代各国的国际谈判内容。这些谈判旨在达成一致目标，并促使各国在承担相应责任等问题上达成统一意见。我将特别关注加拿大参加这些谈判的会议记录，以及加拿大在履行国际承诺方面作出的贡献。在第六章中，我详细分析了气候科学界提出的温室气体减排目标与迄今为止旨在实现这些目标的国际条约谈判结果之间的差距。在第七章中，我分析了谈判结果不尽如人意的原因，并整理了未来需要进行决策的一系列最重要的事项，其中包括脱碳、气候工程学以及碳排放管理。在第八章中，我考察了加拿大在减少温室气体排放问题上的立场。 具体而言，我研究了加拿大为 2030 年和 2050 年设定的目标，其中包括缓解行动（可能抑制气候继续变暖的行动）、影响与适应（对机构进行改革，以便适应气候变暖）这几个方面。

在此，我想重申本书的主旨：气候变化不同于人们所熟知的任何其他风险。 是否理解这个简单道理决定了人们是否理解气候变化所代表的风险范围，同时也决定了人们是否有意愿同意政府采取措施控制风险。 一言以蔽之，气候变化风险的不同之处在于，生活在今天的人们，其下一代或许不会感受到气候灾难降临世界各国时的全部威力，等觉察到需要采取行动来预防灾难发生的时候，一切都为时已晚。

面对这一情况，许多民众遇到的主要困难是，他们必须相信有关风险问题的科学解释，而风险问题极其复杂，他们中的大多数人是几乎不可能完全掌控的。 在 2021 年和 2022 年间，联合国政府间气候变化专门委员会（IPCC）发布了最新版系列综合报告，即第六次评估报告（AR6）。 它由数千页密密麻麻、晦涩难懂的文本与参考文献组成，它们都源自已经发表的学术文章。 除了气候科学家，极少有人会完整地阅读或是研究这篇报告。 如果为政治人物服务的政策导向型官员能够读完此报告随附的"决策者摘要"，他们会感到庆幸。

大多数人都很清楚，我们的生活方式在很大程度上依赖现代科学所提供的洞察力和技术来维持。 但是，人总有一种自然劣根性，即不愿意为未来某个时刻才能实现的利益而牺牲当下。 我们倾向于将所谓的"折现率"应用于对未来福祉的观照上，认为其目前的价值远高于未来，那为什么要在当下就付出代价呢？"儿孙自有儿孙福"，前几代人克服了大流行病与战争的威胁，我们相信后辈也会妥善处理气候变化问题。 毕竟，在我们的想象中，未来人们将会掌握比现在更好的技术来处理各种问题。 如若非要思考气候变化问题的话，人们更倾向于认为，即便它真的如同气候科学家们认为的那般严重，我们的子孙后代一定会全力以赴地处理它。

那么，对于我们当代人来说，气候变化是一项重大的考验。 因为在未来的 30 年内，我们是否采取行动将会决定某些类型的严重灾难是否会祸及我们的后代。 现如今，科学家告诉我们，除非我们从今年开始制定并执行或许可以让后代们免于受灾的政策，否则这些灾难将"非常有可能"（科学家们对这个结论是"非常自信的"）发生。 所以，有一个明确的选择摆在我们面前：哪怕我们不能完全理解其论点背后的原理，我们也要相信科学家的说法，或者，我们也可以选择让子孙后代去碰碰运气，说不定科学家的说法是个错误呢。 这是一场赌博，而胜算又有多少？

提出这个问题实际上意味着每个加拿大人拥有两种选择。第一种选择为，"我支持我国实行计划在 2050 年前实现净零排放的政策"。 如果这是您的立场，那么您将期望国家采取最有效率、最经济实惠的措施来控制这个国家的温室气体排放。 如后所述，这些措施以碳定价为基础，您和您的家庭需要承受适度的经济负担，这将支持减排政策。 站在此立场意味着您选择了赌桌的一边：您认为绝大多数加拿大气候科学家有关全球变暖的说法是可靠且可信的。

第二种选择为，"我不确定人类导致的气候变化是否真的发生了，也不确定它是否会给我的子孙后代带来非常糟糕的后果"。 如果这是您的立场，您将不会支持那些意图阻止或缓和全球变暖的国家政策，也不会支持以消除其他类似风险为目标的国家政策。 这表明您不相信负面的全球变暖会发生，或者就算发生了，您也认为这是自然演变的结果，不是人类行为所致。 因此，人们无须为无法控制的事情负责。 支持这一立场意味着您站在赌桌的另一边：您认为绝大多数加拿大气候科学家有关全球变暖的论证是不可靠的，很可能并非事实，甚至是错误的。

面前就是赌桌，您必须选择一方。 因为加拿大联邦政府以及各省级政府已经将赌注背后的问题摆在了明面上，更何况，您的邻居或是同胞们也会催促您下注。 那么，您选择站在哪一边呢？ 我希望读者们在读完本书后都能够扪心自问，思考这一问题。

第一章

什么是气候?

最重要的[气候]演变过程在这些不同的时间段也是千变万化的——数十亿年来,太阳活动的变化一直被岩石风化作用对温室气体消耗的影响所抵消;大陆漂移改变了大气和海洋环流的模式,对数亿年来温室气体产生和消除的方式产生了影响;在过去的数十万年中,地球轨道的特征也影响了阳光、冰层以及温室气体的分布。

——理查德·阿利《两英里的时光机》

我们地球的气候系统是一个巨大的能量传递机制。 这种能量传递驱动着其他一些过程，综合起来就产生了现在为我们所熟知的地球气候。 地球气候的一个核心特征，是它过去阶段的绝对长度和持续时间——贯穿地球 40 亿年历史的气候阶段往往以数亿年或数千万年为单位，有时以几千年或几百年为单位。 我们地球的这个特征——它的气候及其主要阶段的漫长历史——是现代科学的一个相对较新的发现：就在大约 200 年前，我们对它还一无所知。

气候是我们看不到或感觉不到的东西；它是一种概念，一种观念，由现在丰富的证据和复杂的理论、推理构建而成。 我们每天所看到和感受到的只是天气，它是季节性的，每天都在变化。 而气候记录的是更长期的阶段，这些阶段彼此之间的差异非常明显。 例如，关于气候的科学报道告诉我们，大约5500 万年前，北极地区生长着棕榈树。 我们之所以知道这一点，是因为科学家们在那里的海底深处发现了花粉，并使用同位素测年法估计了这些树木的繁盛期。

从这个角度来看，气候和现代发展起来的其他科学概念并没有什么不同。 我们只列举其中的几个：化学中的原子和分子，物理学中的放射性、光电效应和量子力学，生物学中的遗传学和生物进化。所有这些概念对于深入理解自然界都是不可或缺的，而我们延续生命、确保安全所需的商品和服务，其生产与供给正是发端于自然界。我们无须了解这些概念，就能享用到经由它们而生产创造出的成果。但是，我们都必须理解什么是气候，因为如果没有这方面的知识，我们就无法理解当前"气候变化"这个概念的含义，也无法理解从公共政策角度充分应对气候变化的重要性——或者如果我们不这样做可能会发生什么。

上面提到的能量传递具有两个完全不同的来源：首先是内部，来自地核和地幔深处上升的热量；其次是外部，也就是太阳辐射的结果。在地球存在的 45.7 亿年间，第一种能量逐渐减少；与此同时，来自太阳的热量缓慢增加了约 30%，这一变化反映在它不断增长的亮度上，它处于黄矮星的已知生命周期的标准阶段。第三个间歇性的原因，也是一个外部原因，即主要发生在地球历史早期的大型彗星和小行星的撞击。平均来说，大型小行星每 1 亿年撞击地球一次，最后也是最广为人知的一次发生在 6600 万年前，它在今墨西哥尤卡坦半岛下面形成了希克苏鲁伯陨石坑，是导致当时生物大灭绝的其中一个因素。至于彗星，有一种似是而非的理论认为，由岩石、尘埃和冰组成的大型彗星在地球最初的 20 亿年里撞击了地球，并成为我们海洋中水的来源。

在将气候作为能量传递机制时，我们需要简单了解一下这种传递的两个主要和持久的来源：储存的能量和太阳能。

现在仍然储存在地球内部的大量热能，来源于原始地球的发展阶段，这是一个持续了 50 亿年、在重力作用下尘埃和气体积累的过程。 除此之外，地球核心残留的大部分热能来自一颗跟火星差不多大的行星，科学家们将其命名为"忒伊亚"，在大约 45 亿年前它与地球相撞，随后两个天体结合在一起。（火星的大小是地球的六分之一。）这在地壳中产生了一股巨大的热浪，将其融化至数千千米深，并喷射出足够的物质形成月球。

即使在今天，地球内外核的温度也在 5000 摄氏度左右。热量不断地从地球的内部辐射到外部，但它对地表的主要影响来自上地幔的火山活动，由超高温的岩浆（熔融的岩石）驱动。 这些岩浆从地球深处渗出，再以熔岩的形式出现在地表。 另外两种相对较小的储能分别来自地表下物质活动过程中产生的摩擦热和放射性元素的衰变。

能量传递的第二个主要来源是太阳辐射。 太阳光以电磁辐射的形式照射到地球上，包括红外线、紫外线和可见光。我们的太阳是一颗主序星，大约在 46 亿年前由气体云形成。太阳目前所处的阶段还将持续约 35 亿年，然后它将慢慢开始升温和膨胀，成为一颗红巨星后又再冷却，最终成为一颗白矮星。 大约 65 亿年后，在太阳这颗红巨星的暴晒下，地球表面将变成光秃秃的岩石，散布着发光的液态金属湖，我们海洋中所有的水也将蒸发殆尽。

地球上的火山活动并非一个平静的故事，而是一种异常激烈的活动，由地幔中储存的剩余热能驱动。 当然，这种剧烈运动最明显的表现是火山喷发和地震，它们现在被理解为板块构造作用的产物。 地壳是由一系列巨大的、相互交叉的平台或板块组成，大陆和海洋就坐落在这些平台上，它们相互挤压，在边界处不断推挤、拉扯。 关于地球构成的这一发现是20世纪利用地震波获得的一项杰出科学成就，地震波在地球上传播时的形状和速度为我们了解地壳提供了线索。 科学家们现在认为，板块构造学在气候调节和地球磁场的产生中起着至关重要的作用。

科学家们已经发现以前超大规模的火山事件发生的根据——例如，被称为"西伯利亚地盾"的大火成岩省就可以被追溯到大约30亿年前。 这些事件，以及小规模的火山喷发，对大气层的成分和气候有直接影响。 与人类生活最相关的事件发生在大约6600万年前，它是两个不同因素的结合：首先是一颗大型小行星与地球相撞，将大量碎片喷射到大气层中；其次是印度一个被称为"德干地盾"的大火成岩省。 其结果是气候急剧变冷，地球上75%的现存物种消失，这也标志着白垩纪的结束。 所有非鸟类的恐龙都是受害者；它们的消失使哺乳动物得以繁衍，也包括我们人类。

地球的组成对生物最直接的影响表现在大气层上，大气受到引力作用分层分布，从靠近地表的最稠密处延伸至与外太空交界的最稀薄的散逸层。 在地球最早期，大气层最初主要由含氢气体组成，如氨气和甲烷。 第二阶段开始于大约40亿年前，发生在大型小行星对地球的猛烈撞击期间，这个阶段的大气层是由氮气和二氧化碳组成的。 这就产生了碳循环，这一阶段还包括开始于大约24.5亿年前的所谓的大氧化事件。 现在,占大气层21%的氧气,为动植物的新陈代谢提供动力。 在大约7.5亿至5.5亿年前,发生过一两次地球几乎被冰、雪和雪泥覆盖的事件,其中第二次持续了1亿年——令人高兴的是,随后发生了"寒武纪大爆发",也就是动植物生命形式的大规模扩张。

地球作为一颗行星,其地表下层的物理变化过程仍然非常活跃,对地表也有巨大影响。 大陆板块的运动就是一个例子。其中一些过程导致地表和地下大规模的、永不停歇的碳循环。在地球的早期历史中,也就是大约40亿年前,当火山爆发释放出大量二氧化碳时,地球的表面温度可能已经高达60摄氏度。这是地球的温室效应,它是地球上生命体的三大保护层之一。

第一层保护层是地球的磁场,即磁层;如果没有磁层(如火星的情况),太阳射出的高速带电粒子流(也被称为"太阳风")将会剥离我们的大气层。 第二层保护层是上层大气的臭氧层,它保护动植物免受过量的紫外线辐射。 第三层保护层是温室效应,它指的是地球表面因吸收来自太阳的辐射而变暖,这些辐射大多属于可见光的波长范围,其中一些被地表反射,特别是被冰川和海冰反射,并以长波红外辐射或热辐射的形式重新辐射回太空。 然而,幸运的是,这些被反射的热能有一部分被大气层捕获了。 这就像生活在一个温室里。 与在自家后院中,即使在冬季,一进入其中就能感受到温暖的实体温室不同,气候层面的温室效应对我们来说并不直观;在19世纪一些科学家 [约瑟夫·傅里叶(Joseph Fourier)、约翰·

丁达尔（John Tyndall）和斯万特·阿伦尼乌斯（Svante Arrhe-nius）]的研究之前，我们完全没有意识到它的存在。

第三层保护层取决于大气中各种气体的浓度，特别是由自然过程产生的水蒸气和臭氧，它们通过吸收红外辐射来加热大气。水蒸气尤其重要，因为随着大气变暖，它可以容纳更多的水蒸气，从而形成一个正反馈循环。然后是另一组温室气体，其中包括二氧化碳、甲烷、一氧化二氮和一些含氟化合物。除了最后一种，所有这些气体都可以由自然过程产生，但也可以由人类活动独立产生，因此可以是由人类造成的（人为的）。这些气体正是在试图控制人类产生温室气体的那些政策和协议中提到的。

就是因为这种吸热效应，目前地球表面的平均温度约为14摄氏度。如果没有这种效应，地表温度会整整低32摄氏度（−18摄氏度）。在遥远的过去，一些特定时期内地球表面的平均温度比现在要高得多，在大约5500万年前比现在高8摄氏度，此后稳步下降，在大约2万年前下降到比现在低6摄氏度，然后再次上升到现在的水平。

本章的开篇将气候系统描述为地球上强大的能量传递机制。气候本身被定义为某些指标（特别是温度和降水）在30年到数亿年的时间跨度内的平均值和变化值。科学家们以树木的年轮、钻入海洋沉积物取得的岩心（含有动植物物质的残留物）、岩层中保存的化石以及钻入冰川取得的冰芯等作为证据，用同位素测年法计算时间序列，以此估计地球遥远过去的气候状况。 从这些证据中得出的最明确的结论是，气候不是静态的，而是动态的，并且纵观地球的历史，气候曾有过很大的变化。 在这些不断变化的条件中，只有一个方面是季节性和半球状的变化，这是由地球绕日轨道的变化和自转轴倾角（也就是偏心率和倾斜度）造成的。 在"未来的地球"（Balower and Bice，2022）这门在线课程中，可以看到对地球气候的复杂性以及影响气候的多种热传递形式进行的精彩介绍。 例如，著名的"温盐环流"，也被称为"大传送带"，就是通过深海洋流将大量的热能从热带地区传送到北半球。

因此，地球的气候是漫长阶段中不断变化的条件序列。人类生命的演进往往以秒、分、小时以及日、年为单位，长至几百年、几千年，而气候则需用 10 万年或 1 亿年的周期来衡量。 因此，思考气候问题需要我们重置对有意义的时间的看法。 气候的特点表现为一些关键指标的主导模式，如全球平均温度、大气的气体成分、水和岩石的影响（侵蚀）、火山活动、太阳辐射，以及所有这些因素的相互作用。 关于气候最基本的一点在于，它指的是上述这些不同指标在特定范围内长期而广泛的波动。 气候变化在地球历史上发生过很多次，从一个阶段过渡到另一个阶段通常是缓慢的，但有时也会因为大规模的小行星撞击或大型的火山爆发而变快。

在遥远的过去，有很长一段时间地球上的平均温度比现在（14 摄氏度）低得多，有时又比现在高得多。 比如大约 7 亿年前的成冰纪（又称"雪球地球"）持续了 1 亿多年，当时地表的平均温度低至-50 摄氏度，冰川覆盖了北半球，并向南延伸到赤道。 但是，地球历史上也有很长一段时间比现在要暖和得多，比如在新元古代末期（约 6 亿年前）、白垩纪超级温室期（9400万年以前）、古新—始新世极热事件（5600 万年以前），这些阶段的地表平均温度为 30 摄氏度以上，北冰洋中还有鳄鱼游泳，海平面也比现在高很多。 和早期的高温时期一样，最近的高温阶段是由极端的温室效应引起的，包括大规模火山喷发、海洋中冻结的甲烷水合物融化释放出大量二氧化碳和甲烷的影响。

总而言之，地球上的生命被认为有 35 亿年的历史，但复杂的生命形式是在 5 亿年前才出现的。 化石和其他证据表明，不断变化的气候和环境条件——包括短期事件——决定了各种动植物物种的前景。 专门从事古生物学和地质年代学这些新领域研究的科学家们记录了地球历史上以下五次被称为"大灭绝"的事件：

奥陶纪末期，4.44 亿年前，86% 的物种消失；

泥盆纪后期，3.75 亿年前，75% 的物种消失；

二叠纪末期，2.51 亿年前，96% 的物种消失；

三叠纪末期，2 亿年前，80% 的物种消失；

白垩纪末期（白垩纪—古近纪交界），6600 万年前，76%的物种消失。

发生在二叠纪和三叠纪交界的二叠纪末期灭绝事件，就是人们俗称的"大灭绝"。 一个简单的事实是，在地球历史上的特定时期，特定的物种需要且必须适应当时的气候条件。 这当然也包括我们自己这个物种，也就是现代人类。现代人类在这个星球上的兴起和繁荣可以追溯到第四纪的 30 万年内，这在地球 45.7 亿年的历史中只是微不足道的一部分。

宙	代	纪	世		
					当前
显生宙	新生代	第四纪	全新世		
			更新世		1.18 万年前
		新近纪	上新世		
			中新世		
		早第三纪	渐新世		
			始新世		
			古新世		
					6600 万年前
	中生代	白垩纪	~		
		侏罗纪	~		
		三叠纪	~		
					2.52 亿年前
	古生代	二叠纪	~		
		石炭纪	宾夕法尼亚州	~	
			密西西比州	~	
		泥盆纪	~		
		志留纪	~		
		奥陶纪	~		
		寒武纪	~		
					5.41 亿年前
元古宙	~	~	~		25 亿年前
太古宙	~	~	~		40 亿年前
冥古宙			~		45.4 亿年前

近 ↑ 远 ↓

图 1.1 地质时代

第二章

更新世和全新世时代

　　第四纪是新生代（新生命的时代）包含的三个纪中距今最近的一个，约从 260 万年前延伸至今。 第四纪涵盖了现代人类的祖先以及在那之后的人类（智人）在非洲进化的整个时间跨度，也正因如此，在不断变化的地球气候历史中，第四纪对我们今天意义最大。 第四纪又可以分为两个阶段：第一个阶段是更新世，从 260 万年前到大约 1.18 万年前；第二个是全新世，始于大约 1.18 万年前，是与大型定居型人类社会创造所有文明的时期最直接相关的气候阶段。

　　所以，人类历史和气候历史之间发生关系的重要时间轴正是从更新世晚期到全新世结束的这段时间。 自第四纪中期以来，也就是大约 100 万年前，发生了一系列周期性事件，每次持续 10 万年，这个时期被称为"冰期-间冰期循环"。 在图 2.1 中，我们不仅注意到有一个主导模式（八个主要周期），而且注意到整个记录中不断出现的小规模波动。

　　在整个更新世时期都发生过大范围的冰川活动，但大约在 100 万年前，这些活动形成了一个以 10 万年为周期的不断重复的冰期-间冰期循环。 这种模式是由地球的自转轴倾角和绕日轨道的复杂变化所引起的，被称为"米兰科奇周期"。 这些变化影响了太阳辐射在地球表面的分布。 驱动冰期-间冰期循环的实际机制是北半球日照量的变化，即照射到地球表面的阳光总量。 在距今最近的盛冰期中，冰层向南延伸至北纬 40°（现在大约在波特兰、西雅图、芝加哥和纽约市的位置），厚度达 4000 米。 这段时期发生了一系列事件，包括北半球大约 9 万年的寒冷天气（冰河时代），大部分地区被冰川覆盖；同时，每个冰期之间平均有 1 万年温暖的间冰期。

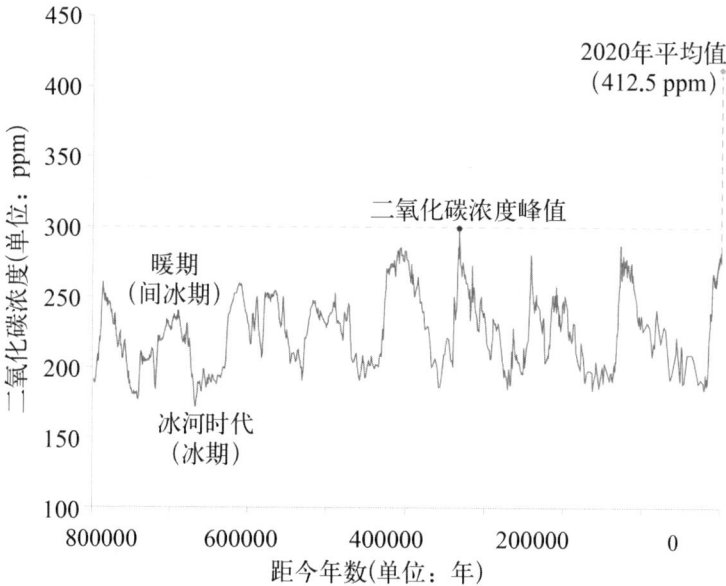

图 2.1 冰期-间冰期循环与二氧化碳浓度 *

数据来源：美国国家海洋和大气管理局

---

* 在过去 80 万年里全球大气中的二氧化碳浓度（单位 ppm：每百万分之一）。二氧化碳浓度的峰值和谷值变化与冰期（二氧化碳浓度低）和较温暖的间冰期（二氧化碳浓度高）直接相关。在这些周期中，二氧化碳浓度从未高于 300 ppm。在地质年代表上，二氧化碳浓度的增长（垂直虚线）看起来几乎是瞬间发生的。

在冰期，地球大部分地区的大气寒冷且干燥，多尘且多风。从冰期到温暖的间冰期的规律性转变与岁差有关，岁差是指在大约2.5万年的时间里，地球自转轴发生的方向变化，类似一个陀螺在桌子上旋转时发生的晃动现象。北半球吸收更多的阳光，冰川开始融化，然后海洋变暖，释放出储存的二氧化碳，从而导致大气升温。温度记录显示岁差对气候产生了复杂的影响，冰期内虽有急剧升温的浪潮，但还不足以触发一个完整的间冰期。

过去80万年的气候记录是通过钻取南极洲和格陵兰岛的冰芯推导出来的，通过钻探，得到了长达3000米的垂直冰柱（Davies，2020）。几千年来，冰层在每年增加的降雪中不断加厚；冰盖形成过程中产生的压力使冰中形成了微小的气泡，这些气泡由二氧化碳、氧气和甲烷等气体组成。通过测量这些气泡，可以推断在某个特定年度这些气体进入冰柱时在大气中的浓度。此外，长期的冰芯记录还为测定温度和二氧化碳水平之间的密切联系提供了决定性的证据。

这一点在当下很重要，因为它说明了导致气候变化的基本地球物理进程具有可变性。正如后文所述，目前科学家们认为，人类活动向大气中释放的大量二氧化碳是气候变化的主要因素。但冰期-间冰期循环表明，情况并非总是如此。鉴于地球气候多变，重要的是要了解在不同时期发挥作用的具体机制。

套用冰川学家理查德·阿利（Richard Alley）的话来说，

从古气候学中可以得出一个主要结论，即地球气候实际上一直在急剧变化。阿利团队花了几十年的时间研究格陵兰岛冰川的历史，并在格陵兰冰川钻探了 3218 米，提取了冰芯。

在阿利的科普著作《两英里的时光机》（*The Two-Mile Time Machine*）的第八章中，他探讨了地球气候历史的一个巨大悖论（强烈推荐读者查看阿利对这个悖论的完整解释）：

> 如果没有外界因素干扰，气候系统可以保持相对稳定；但当气候被"推动"或被迫改变时，往往会突变到异常状态，而不是渐进式变化。你可以把气候想象成一个酒鬼：独自一人时，它坐着不动；被迫移动时，它跟跟跄跄地走……在较长的时间内，地球的反馈机制与气候强迫因子相反，所以大原因产生小影响。在较短的时间内，地球的反馈机制会放大气候强迫因子，因此小原因会产生大影响。

读者在接下来的一些讨论中应牢记这一解释。在这本书中，要特别注意冰川学家利用格陵兰岛和南极洲的冰芯钻探来确定过去气候阶段的研究。有证据表明，气候的短期变化可以是突然的，也可以是巨大的。例如，格陵兰岛的冰芯测量显示，距今 1.5 万—1.2 万年前，气温在可能短至十年的时间里，上升了约 9.4 摄氏度，然后再骤降回去，最后又一次上升了 9.4 摄氏度。我们将在后面回顾近期人类造成的气候突变问题时再探讨这一点（见 Brovkin 等人 2021 年对过去 3 万年气候突变现象的最新研究）。在气候变化的背景下，"气候强迫因子"指某些导致气候改变的因素。 正强迫，如太阳辐射，使气候变暖；负强迫，如火山爆发时释放的气体，使气候变冷。 后面我们会讨论到，有自然和人为两种类型的气候强迫因子（Colose et al.，2020）。

近期的第二项重要的科学调查是对化石遗骸的同位素测年，通过这项调查，科学家可以了解解剖学意义上的现代人类在世界各地的进化和分布情况。 最后一次冰川消退标志着全新世的开始，这意味着今天我们已经远远超过了当前间冰期的中点。 也正是在这一时期，地球上现代人类的数量出现爆发式增长。 据估计，在最后一个冰川时代（7万年前），世界上任何地方的现代人类都不超过1万人。 全新世开始时人口大约在100万—1000万人之间，尽管有很大的不确定性，但具体数值很可能接近这个区间的低值。 我们的远祖，古人类的物种——首先是直立人，然后是海德堡人——早在200万年前就已经走出了非洲。 海德堡人在大约50万年前数量激增，他们可能是我们的近亲丹尼索瓦人和尼安德特人的祖先。

解剖学意义上的现代人类早在30万年前就在非洲出现，并在约7万年前开始迁徙，先是前往东方的亚洲和大洋洲，然后在约4万年前来到欧洲。 现代人类（智人）与我们的表亲尼安德特人和丹尼索瓦人一起，在过去的三个冰期-间冰期循环中幸存下来，并开始繁衍生息，每一个冰期-间冰期循环持续了大约10万年。 在最后一个冰河世纪，随着大陆冰川的消长，现代人类占据了欧亚大陆北部的部分地区；当时的平均气温比今天低约 6.1 摄氏度。

早期人类和气候变化之间存在微妙的关系，末次冰盛期（LGM）和之后发生的事情充分说明了这一点。该时期发生在距今 2.7 万—1.9 万年前，其特点是气候急剧变冷和大陆冰盖扩张。在该时期开始时，解剖学意义上的现代人类已经在欧洲安顿下来，但由于气候变化，这一批人口数量锐减，被迫躲到欧洲的最南部。就在末次冰盛期之前，气候明显有些不稳定，这很可能是导致我们的表亲尼安德特人灭绝的因素之一。

在末次冰盛期之后，由于气候正从最后一次冰期向最近一次间冰期过渡，短期变暖和变冷反复交替出现。这里的"短期"是指一年到几千年的时间。从冰期到间冰期的过渡过程可以比喻为试图启动一个已经闲置了很长时间的内燃机。在最初的尝试中，发动机开始转动了，但未能继续运转。大约在 1.45 万年前，在一次温度骤降期间，当时欧洲地区人类基本上消失了，后来温度再次上升时，一个明显不同的群体取代了他们。从化石残骸中提取的线粒体 DNA 可以证明这一过程。

东南极洲的冰芯展示了八次冰期–间冰期循环的温度和二氧化碳浓度记录。全新世（仅指最近的 11800 年）的全球气温呈上升趋势，在末次冰盛期之后，大约 2 万年前，温度比现在低 6 摄氏度。但也有明显的间歇性降温，特别是在新仙女木时期（距今 10000—8500 年前）；在此期间，两个显著的降温事件与大量冷淡水从融化的劳伦泰德冰盖涌入北大西洋有关，它扰乱了从赤道到两极的海洋热传输，即所谓的温盐环流。格陵兰岛冰层的冰芯（约 2000 米深）为全新世提供了最精确的数据，它表明从大约 8000 年前开始到近代，气候一直处在明显的稳定期。图 2.2 展示了最后一次冰期结束后气温分两个不同阶段攀升的过程。

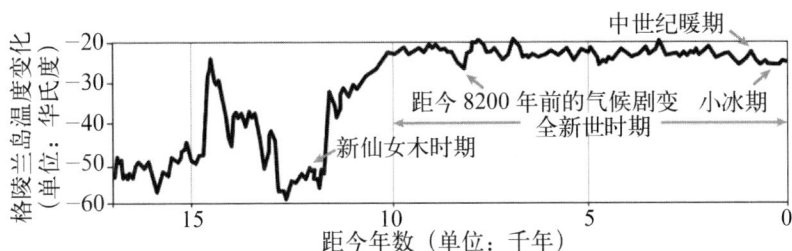

图 2.2　全新世气候

人类大约在 1.3 万年前开始种植农作物和驯化动物，正好是在全新世开始之前。有一种估算认为，约在公元前 1 万年人类总人口达到 200 万。在新仙女木时期之后，温和且短暂的冷暖周期交替出现。从公元前 5000 年到公元前 3000 年，全新世的最高温度比目前高 1—2 摄氏度。古代文明在埃及和其他地方蓬勃发展，人类人口增加到 4500 万。

像古人类祖先一样，早期的人类是分散的狩猎采集者。一种与众不同的生活方式大约从 1.3 万年前开始，以种植植物和驯化动物为基础。大约在 8000 年前，这种新的生活方式使得在今中东地区出现了定居的人类社会群体。早期的永久性定居点逐渐发展为更复杂的社会，到公元前 3500 年，美索不达米亚（今伊拉克）和埃及出现了第一个人类文明。在气候科学领域，距今8000—3000年前的这段时间，被称为"全新世气候最适宜期"。第一个书写系统——楔形文字——也可以追溯到这一时期，尽管还有一些用于计算和记录货物与财产的泥板上的符号出现得更早。

现代人类在最后一个冰河世纪幸存下来，但数量不多，而且大多生活在南半球，那里不像北半球那样寒冷，当然当时仍然比现在冷得多。一方面，一个特定的地质气候时期（全新世）的到来，更加适合恒温直立哺乳动物生存；另一方面，灵长类物种（智人）的早期进化特征恰好使其能够利用并优化在环境中发现的维持生命的资源，不得不说，这真是大自然鬼斧神工般的精巧设计。地球在漫长的地质历史里剧烈而不断地重塑着地壳和大气层，这也影响着生活在地球表面的生物的进化，在数十亿年的时间里，它们恰好共同为现代人类的发展奠定了基础，使人类能够利用大自然赋予的机会大展身手。

温暖的全新世无疑提高了农业的生产力，扩大了家畜的饲养规模。食物供应的急剧增加促进了人口的稳定增长。在公元前1万年时，地球人口可能只有200万，而公元前3000年时人口的中位数估计是1400万。过了1000年，人口又翻了一番，到了公元元年，地球上大约有1.7亿人。在俗称"小冰期"（约1300—1850年）的漫长降温阶段，全球平均气温比中世纪暖期下降了约1摄氏度。在这一较冷时期的早期阶段，由于14世纪初欧洲的大饥荒和黑死病等事件，人类人口停止增长，甚至有所下降。但是，纵观过去2000年，人类人口在总体上呈不断上升的趋势，在 1800 年前后首次达到了 10 亿，这是一个里程碑，在此之后，20 世纪的人口数量呈指数级增长，到 2020 年底，人口总数达到了 78 亿。

1800 年后，人口开始持续快速增长，工业革命也在这一时期进行。这不是一个巧合，因为工业革命带来的技术彻底改变了人类的生活。20 世纪初有一项创新成果尤为突出，即哈伯-博施法，它从大气中合成氮气，并创造出用于人工化肥的氨。据可靠估计，自大规模生产氨以来，单就这一个创新所增加的食物供应量就促使人类人口增长了一半。然后是公共卫生方面的创新，特别是卫生措施和用于消毒的化学品、药品和疫苗的新发展。在此之前，有一半的婴儿在五岁前死亡，怀孕和分娩是妇女一生中最大的风险。由于食物供应的大量增加和传染病的有效控制，1800 年后人类人口翻倍的时间从 127 年减少到大约 50 年，2023 年人口总数达到 80 亿。

整体而言，全新世在气候历史上的意义可作如下概括——人类文明从一开始就已经很好地适应了全新世的气候条件。尽管诸如平均温度、降水模式、海平面等因素一直有些波动，但它们的波动范围较小。如今，波动幅度已经超出这个范围，而且速度越来越快，看不到尽头。我们将在下面的章节中了解到，气候科学家们提出了这样的假设：如果气候变暖到比工业化前水平（1750 年）高 2 摄氏度以上，很可能引发一系列气候变化，如海平面急剧上升。随着时间的推移，这对我们来说可能是灾难性的。人类无疑会在这样的转变中存活下来，但大部分社会经济、工业以及文化可能会在那时支离破碎。

第一个人类文明的逐渐出现与一段较长时间的（至少就人类而言）宜人气候之间存在着密切的联系。但是，这种相对稳定的气候现在已不复存在。二氧化碳浓度和温度水平的变化相互影响，现在大气中的二氧化碳浓度为417ppm。在21世纪，即便二氧化碳浓度没有进一步增加，气温也很有可能会继续上升（尽管浓度增加是板上钉钉的事）。

2000年，因曾经在臭氧层破坏问题上作出贡献而获得诺贝尔奖的化学家保罗·J.克鲁岑（Paul J. Crutzen）让"人类世"（Anthropocene）一词为大众所知晓，他将其定义为自工业革命开始，延续至今的这段时期。在此期间，人类已经主宰了地球，并向一个新的地质时代过渡。

在这个新时代，由于人类破坏生物栖息地和其他诸多因素，我们对其他生命形式构成了重要威胁。这些威胁主要包括生物多样性丧失、野生陆地动物和两栖动物数量的急剧下降、雨林和北方森林的破坏以及海洋酸化等。根据最新的科学估算，人类对生物圈的累积影响程度可以通过生物量作如下统计：（1）地球上所有的哺乳动物中，60%是牲畜，36%是人类，4%是野生动物；（2）鸡和其他家禽占所有鸟类的70%，其余30%是野生鸟类；（3）自从人类文明出现，83%的野生陆地哺乳动物和80%的海洋哺乳动物已灭绝。一个单一的物种正在剥夺地球上大多数其他野生动物的生命。如果一个动物物种的适应性进化被定义为——至少从一个角度来看——支配环境的能力，成为所谓的"顶级掠食者"，那么人类（智人），已经成为非鸟类恐龙的合格继承者。也许这就是许多人觉得霸王龙如此迷人的原因。

人类对环境的总体影响被称为"生态足迹"。我们对自然资本（自然资源）的总需求可以以可持续性为标准来开展评估。地球的可再生生物承载力和不断被消耗的资源能够满足现有人口以及未来人口增长对资源的需求吗？在未来多长时间内可以满足？（可以肯定的是，人均需求在贫富国家之间有很大的差异。）生态足迹的综合图像显示，目前人类对地球环境资源的总需求需要"1.7个地球"才能满足。

这意味着我们目前的需求水平超过了地球可持续满足人类需求的能力——也就是说，在未来也是如此——我们正在迅速消耗地球上积累的自然资本——其生物生产力和不可再生资源的存量。

这张综合图像也引出了这样一个问题：人类累积的影响是否会导致所谓的生态崩溃，包括整个地球现有生物生产力的急剧或者突然下降，限制了所有现存物种（包括人类自己）的承载能力。人类知道这种重大事件在地质历史中发生过，特别是前面列举的大规模灭绝事件，这些事件是由剧烈且长时间的火山爆发、大型小行星撞击和突然的气候变化等造成的。

最近，其他科学家一直在探索"地球界限"的概念，这是一组由九个离散参数构成的体系，旨在衡量在目前条件下维持人类生命的地球主要生物地球物理系统的韧性。科学分析从以下观察开始（Steffen et al.，2015）："相对稳定的、长达1.17万年的全新世时代是我们知道的唯一能够支持当代人类社会的地球系统状态。"紧接着，科学家们提出问题，全新世地球系统在面对当前人类对其施加的压力时能否持续存在？这一点可以通过以下九个方面的指标来评估：大气气溶胶负荷、生物地球化学循环（氮磷循环）、生物多样性、气候变化、淡水利用、陆地系统变化、新兴实体污染物（化学和塑料污染物）、海洋酸化和平流层臭氧消耗。他们认为在这九大维度中，两个维度（生物多样性和气候变化）是核心或极其重要的过程。科学家们还发现，在其中的四个维度上（生物地球化学循环、生物多样性、气候变化和陆地系统变化）——包括两个核心维度——人类活动可能已经突破临界点，因此，现在地球是否能持续维持物种的生存变得不确定。

我们知道，地球自诞生以来已经经历了许多大规模的地质变化。即使我们接受这样一种观点，即人类现在已经走上了一条通往未来的道路，这条道路可能会破坏他们目前的生活方式的基础，而且可能是彻底破坏，但这对于整个地球本身来说没有任何影响。地球的大气和地质过程将会像以往一样调整并过渡到某种新的平衡状态。我们已知的更大规模的变化过程发生在第四纪晚期，即重复性的冰期–间冰期循环的10万年。这种状态要么在未来长期存在，直到过渡到一个不同的状态，要么相对较快地被破坏，更突然地到达下一个状态，这两种情况都有可能发生。

　　无论发生哪种情况，地球都会继续运转下去，只是许多现存物种可能会出现新的大规模灭绝，这类事件在遥远的过去已经发生过很多次。 我们知道，幸存的生命又会重新振作起来，以新的方式继续生存。 但是这一次，人类努力建立的复杂文明已经摇摇欲坠。

第三章

气候科学的预测

毫无疑问,人类活动已经引起大气、海洋和陆地变暖……目前整个气候系统的变化规模及其方方面面的状态是数百年甚至数千年来前所未有的。

　　——2021年联合国政府间气候变化专门委员会第六次评估报告中的"决策者摘要"

联合国政府间气候变化专门委员会的第六次评估报告中长达 4000 页的第一卷《气候变化 2021：自然科学基础》(*Climate Change 2021：The Physical Science Basis*) 于 2021 年 8 月发布。其中，"决策者摘要"（SPM）占 42 页，这是几乎每个在公共政策领域工作的人都会仔细阅读的文件。其开篇如下："毫无疑问，人类活动已经引起大气、海洋和陆地变暖。"此类陈述未曾出现在之前的五份评估报告中，而此次出现是所有的世界顶尖气候科学家判断后作出的决定，这意味着在不久的将来，全球变暖的情况会越来越糟。

截至目前，在气候领域较新的科技和发现的帮助下，过去 80 万年间气候变化的图景变得越来越清晰；在此基础上，我们对更早阶段的气候变化也有了粗略但不乏力度的描述。对历史上气候分期（包括非常遥远的时代）的科学重建，必须依靠适当的证据。在前一章中，我提到地质学家们已经制定出一些方法来证明在过去的 30 亿年中发生过 10 次大规模火山爆发事件。提到成冰纪时，科学家们认为，在这一时期，北半球的冰川一直向南延伸到赤道。在这种情况下，科学家在"只能由冰川活动产生的沉积结构"中发现了一些证据，这种结构来自冰川退去时在赤道地区留下的沉积物。

过去气候的证据和未来气候的预测

随着更深入地了解过去的气候历史，有两件事促使科学家提出一系列不同的问题。第一，在晚更新世时期，平均气温和大气中的二氧化碳浓度之间存在着密切的联系，这一点在东南极洲沃斯托克冰芯的 4 万年记录中有所显示（参见阿利等的研究）。第二，有证据表明，大气中的二氧化碳浓度在 20 世纪稳步上升。根据夏威夷的莫纳克亚天文台直接测量的结果，二氧化碳浓度从 1900 年的 296ppm（测自冰芯）上升到了 2000 年的 370ppm。第三，二氧化碳浓度的增速正在加快，年平均增速从 20 世纪的 0.74ppm 增加到 2000—2020 年的 2.25ppm，增加了两倍。总的来看，这些因素和其他一些因素让许多气候科学家认为，他们应该专注于使用较新的技术来尝试预测近期的气候变化过程。而我们普通人至少需要大概知道气候科学家们为什么这么做，以及如何做。这个故事要从 19 世纪温室效应的发现说起。

19 世纪 20 年代，约瑟夫·傅里叶进一步证明了地球大气层使地球变暖的假说。在此之后，约翰·丁达尔在 19 世纪 60 年代进行了开创性的工作，他首次研究了大气中各种气体的吸热能力，包括氮气、水蒸气、二氧化碳和臭氧。丁达尔也证明，在大气层吸收太阳辐射的过程中，辐射的电磁特性发生变化，从短波变为长波（红外）辐射，由此产生的一些热量被大气层截留，没有被反射回太空。直到 1901 年，我们现在熟悉

的术语 "温室效应" 才被提出。

19 世纪末，瑞典科学家斯万特·阿伦尼乌斯首次关注这一过程的两个关键驱动因素——水蒸气和二氧化碳——在大气中的实际含量，并指出化石燃料的燃烧是提高二氧化碳浓度的主要原因之一。 此外，阿伦尼乌斯还首次对大气中二氧化碳浓度不断上升的潜在影响进行了定量研究，并预测二氧化碳浓度每增加一倍，就会导致平均温度上升 5 摄氏度，这与现代的预测非常接近。 阿伦尼乌斯在其著名的开创性论文《空气中的碳酸对地表温度的影响》中提到了碳酸（溶解在水中的二氧化碳），该论文最初于 1896 年以德文发表，同年被翻译为英文。

本章的这一节只概述 20 世纪后半叶在理解温室效应方面的几个关键进展。 1957 年，罗杰·雷维尔（Roger Revell）和汉斯·E. 休斯 （Hans E. Suess）在杂志上发表了一篇题为《大气和海洋之间的二氧化碳交换以及过去几十年中大气中二氧化碳增加的问题》的文章，其中有一段话广为流传：

> 因此，人类现在正在进行一种大规模的地球物理实验，这种实验在过去不可能发生，在未来也不可能重现。在几个世纪内，我们正在将数亿年来储存在沉积岩中的浓缩有机碳返还到大气和海洋中。

在此后不久的 1958 年，查尔斯·大卫·基林（Charles David Keeling）在夏威夷建立了海拔 3000 米的莫纳克亚天文台，并开始直接测量大气中的二氧化碳浓度，他与雷维尔和休斯一样，也是加州拉霍亚的斯克里普斯海洋研究所的成员。测量结果现在被称为"基林曲线"，这是一条稳步上升的线，每年有季节性变化。

仅仅七年后，基林的研究结果被首次纳入美国政府报告，并成为预警未来和污染控制相关决策的基础。这就是 1965 年美国总统科学顾问委员会关于大气层二氧化碳的报告《恢复我们的环境质量》，其中一句话是："到 2000 年，大气中的二氧化碳浓度将增加近 25%。这或许足以产生可测量到的标志性的气候变化，并且几乎肯定会引起平流层温度和其他特性的重大变化。"这是第一份预测性政府文件，它认为大气中二氧化碳浓度的无节制增长可能会产生严重影响，包括冰盖融化和海平面上升。该报告的"结论和发现"重述了雷维尔和休斯 1957 年发表的一篇期刊论文中的核心内容：

> 在全球范围内的工业文明中，人类正在不知不觉地进行着一场巨大的地球物理实验。在几代人的时间里，人类正在燃烧过去 5 亿年来在地球上缓慢积累的化石燃料。这种燃烧产生的二氧化碳注入大气层，而且有约一半留在了那里。化石燃料的预计可采储量足以使大气中的二氧化碳含量增加近 200%。

这一分析值得在此重申，因为对于今天的民众来说，重要的是要了解到，在过去的半个多世纪里，一直存在关于大气中二氧化碳无节制增长以及其可能产生的不利影响的警告。从40多年前起一直到今天，大批科学家都在强调这一信息，并通过新的研究强化此观点。第一个成果是1979年美国国家研究委员会的报告《二氧化碳与气候：一份科学评估》(*Carbon Dioxide and Climate：A Scientific Assessment*)；随后，由联合国环境规划署（UNEP）和世界气象组织（WMO）于1988年成立的联合国政府间气候变化专门委员会作出了更多努力，从1990年到现在，该委员会已经发表了47份翔实的报告。

耦合大气环流模型（CGCMs）

我们采用许多不同类型的模型来描述气候系统，其中一个类型衍生出能量平衡模型（EBMs），它仅基于太阳辐射、反照率（反射回太空的能量）和大气的化学成分这三个要素计算地表温度。另一个主要且更复杂的类型衍生出"一般环流模型"（GCMs），该模型试图将海洋、大气、陆地表面和冰冻圈（地球上的冰雪覆盖区）的所有物理过程都包含在内。有一种被称为"耦合大气环流模型"的一般环流模型试图统一所有的大气和海洋环流元素。耦合大气环流模型是最全面的模型，整合了所有影响气候的物理过程，因此也很难构建。

耦合大气环流模型是对地球气候系统的想象性重建，它有四个维度，包括三个空间维度和一个时间维度。这些维度形成了一个网格，类似于上下堆积的盒子，一组代表地表，一组代表海洋，一组代表大气。大气层的网格可能有多达20个的垂直层，海洋则有 30 个。 整套盒子产生的大量数据被输入模型中，这就是为什么运行这种模型需要使用最强大的超级计算机。 这种模型的最新版本包括以下类型的数据：交互式植被；灰尘、海雾和碳气溶胶；高层大气；大气化学；大气/陆地表面、海洋和海冰；硫酸盐气溶胶；生物地球化学循环；碳循环；海洋生态系统；冰盖。 用更熟悉的术语来说，输入部分包括水蒸气、太阳辐射、风、云、海洋环流、反照率（或冰雪的反射率）、热量、大气气体等参数的测量数据。

这种模型极其复杂，因为三个关键空间组成部分（地表、大气和海洋）内所发生的事情又都不断地发生相互作用，一些独立的因素也是如此，这意味着必须描述和量化它们之间的所有正负反馈回路。 耦合大气环流模型使用来自物理学原理的方程，特别是热力学和流体动力学——如能量守恒定律——来说明这些相互作用是如何发生的。 随后，这些相互作用的元素用一种基于常见的 if/then/do 的编程语言（通常是 Fortran）翻译成代码，总计超过 100 万行，建成一个完整的全球模型需要近 2 万页的文本。 进行分析的基本单位是"网格单元"，就经纬度而言，它的空间分辨率可能达到 100 平方千米。

耦合大气环流模型的结果是对复杂的自然过程的模拟或重演，科学家认为这些过程导致了我们在现实生活中经历的气候事件，如降雨、高温、云层、风和风暴，以及其他我们无法直接观察到的过程，如碳在大气、陆地和海洋中的流动。 运行这种模型后，可以逐日显示地球气候在很长一段时间内的变

化。 英国的哈德利中心和其他机构使用相同的模型进行短期
天气预报。（关于这项科学工作，一名加拿大记者有过精彩报
道，参见 Fairbank，2021。）

总而言之，耦合大气环流模型的结构非常复杂，包括相互
作用的大规模过程（如水文循环和碳循环）、许多不同种类的
巨大数据集（针对所有单独的因素），以及来自物理学和化学
的分析方法。 为了验证结果，科学家们需检验他们的模型数
据与过去 150 年测得的已知气候和天气条件是否大体一致。
他们尝试通过改变某些参数和一次又一次地重新运行模型来进
行微调。 当模型对过去事件的推测尽可能地接近实际发生的
情况时，他们就将模型向前运行，对未来可能发生的情况进行
预测。 预测结果是概率，即对特定事件发生的可能性估计，
其目标是在这些预测中实现高置信度。

结果：今天气候变化的主要因素是什么？

大多数气候模型的运行时间都是自 1850 年至今。 如上所
述，这些模型是基于物理过程建立的，如碳循环，然后用某些
数据输入来填充，其中最重要的是来自太阳的能量，还有森林
火灾、火山爆发以及温室气体的浓度（这些统称为正的和负的
气候强迫因子）。 这些模型设计产生许多具体的输出，特别是
温度、湿度、降雪量、降雨量、风速以及冰川和海冰的范围。
一旦模型建立并运行，科学家们就会使用 "后报"（反向预
测）——根据过去的温度测试模型——来校准其准确性。 换

句话说，由于我们对 100 年前或更早的气候条件有一些实际测量数据，科学家们可以观察模型推测与实际测量的关联程度，然后对模型进行微调，直到相关性尽可能准确。

科学家们还可以将各种假设数据放入他们的模型中，例如在未来某个时间温室气体浓度可能翻倍，然后观察他们模型的输出结果。模型也同样适用于过去的气候，如全新世或 5600 万年前的古新—始新世极热事件。最后，应该指出的是，在世界各地的研究中心有大约十几个成熟的耦合模型正在运行，还有一个特定的项目，即耦合模型相互比较项目（CMIP），用于模型间的相互验证。

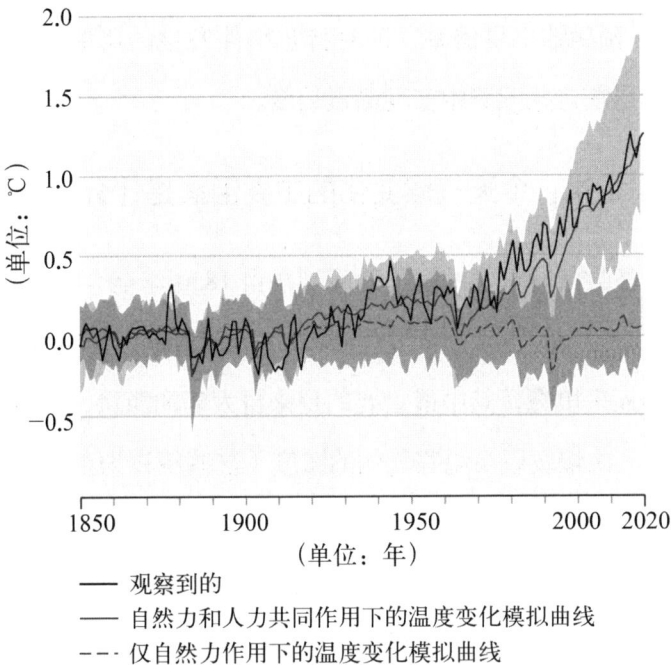

图 3.1　自然力和人力作用下的地表温度变化模型

图 3.1 的内容很简单，是每个关注气候变化的人都需要理解和把握的一个关键图示。为了制作这个图表，科学家们首先只加入自然气候强迫因子（特别是太阳辐射）来运行他们的模型，然后将输出结果与最近的测量结果相比较，如平均温度和大气中的温室气体浓度。然后，他们量化了人类活动对气候强迫的贡献，特别是在过去的 200 年里因工业和土地利用变化而产生的温室气体排放量。两者之间的区别，即"仅自然力作用下的温度变化模拟曲线"和"自然力和人力共同作用下的温度变化模拟曲线"之间的区别。该图首次出现在联合国政府间气候变化专门委员会第四次评估报告中（2007 年），现已被一个更完整的图表取代，即图 SPM－1 中的 b 栏"过去 170 年全球地表温度的变化"，载于第六次评估报告《气候变化 2021：自然科学基础》的"决策者摘要"第一节（另见 EPA，2022 和 NAP，2020）。

气候科学最重要的普遍性发现是，从整个 20 世纪一直到现在，人类活动是全球温度不断上升的主要原因（Semeniuk，2021a）。有许多如土地使用这样的行动会影响全球温度，但到目前为止，影响最深的是人类活动释放越来越多的温室气体，特别是二氧化碳和甲烷，而化石燃料的燃烧是一个决定性的因素。在这方面，科学家们强调了"气候强迫"和"气候敏感性"概念，即全球平均温度随着温室气体排放的增加而变化的程度。从 20 世纪 80 年代末开始，一些气候科学家共同建议政府和公民制定政策，控制这些气体的排放，主要是通过淘汰化石能源，强制使用替代能源，如太阳能、风能和核能。

就像所有大型复杂系统（包括自然和人类建造的系统）运作后的最终状态一样，地球气候的未来发展轨迹不可能轻易改变。在这方面，气候系统很像人类社会本身，在大多数情况下对新信息和变化的环境条件没什么反应，即便有反应，也很迟缓。正如我们所看到的，科学家们想弄清楚，从长远来看，地球气候系统会如何应对人类造成的大气中温室气体浓度增加而引起的能量失衡。他们知道，在一系列正负反馈回路中的其他因素会影响气候系统的反应，例如水蒸气、云和海冰。

自18世纪末以来，随着化石燃料使用量的增加，大气中的二氧化碳浓度估计增加了一倍，这种情况下气候系统会有什么反应（例如未来的温度变化），这是科学家最感兴趣的过程。预测气候何时会对这一特定的输入变量作出反应，会引出一个热惯性问题。即使这些由人类气体排放造成的新输入变量以某种方式立即全面停止，也需要相当长的时间才能使气候系统最终达到应对这种变化的新平衡。热惯性与各种气体所谓的"大气停留时间"有关，这是指气体对太阳辐射持续发生反应、捕获能量，并导致大气升温的时间。简单地说，这意味着如果我们在某个时候决定尝试通过减少人为温室气体的排放来阻止地球温度继续上升，那么我们这一决定的积极影响，即温度不再上升，将在几十年后才会在大气中显现出来。

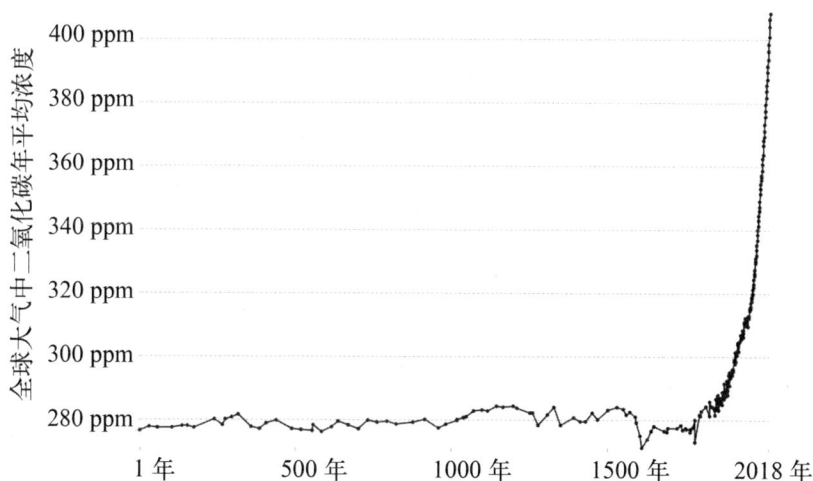

图 3.2 自公元元年以来大气中的二氧化碳浓度情况

资料来源：NOOA/ESRL（2008）

在这种情况下，气候科学家开始在全球变暖的情景中提到特定的阈值，主要有两个原因：（1）热惯性，如前所述；（2）人为温室气体排放导致一定程度的变暖后，一些自然的正反馈回路可能会发挥作用的风险，其中最严重的后果是释放大量的甲烷——一种强大的温室气体——从公元元年以来至今依然被封存在北极的永久冻土和海洋水合物中。气候系统中的阈值，如永久冻土和冰川的融化，代表着可能的临界点：某些关键因素（如全球温度）达到一定水平后，一旦超过临界点，可能导致突然且不可逆转的其他变化，甚至可能出现"失控效应"，即变化速度突然加快且无法控制。（科学家认为金星表面的极端温度——462 摄氏度——是温室效应失控的结果，因为其大气中的二氧化碳浓度异常之高。）

与风险情景中的其他推演一样，这种预测也有不确定性和概率问题。

面对这些情况，生活在寒冷气候中的人可能会作如下反应：要么说这样的变暖是个好消息，要么想知道为什么仅仅增加几个百分点就能被科学家认为是对气候系统的危险干扰。丽贝卡·林德赛（Rebecca Lindsey）对今天的情况作了如下评论："事实上，上一次大气中的二氧化碳浓度如此之高是在300多万年前，当时温度比工业化前高 2—3 摄氏度，海平面比今天高 15—25 米。"温度开始强烈和持续上升的时间点是 1750年左右。 由于截至 2020 年，全球温室气体排放量仍在上升，这种上升必然会导致全球平均气温的上升。 与工业化前的水

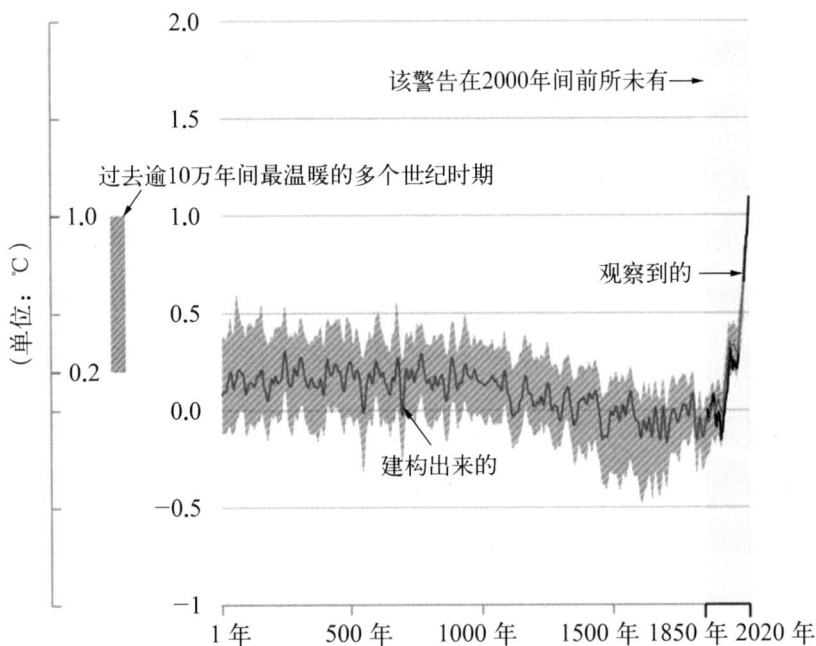

图 3.3　全球变暖

平相比，全球平均气温已经上升了 1.3 摄氏度［来自非营利组织伯克利地球（Berkeley Earth）2021 年的数据］，而且按照目前的趋势，气候系统有可能在 2020—2030 年的某个时候保持在 1.5 摄氏度的升温水平上。 1.5 摄氏度的温度上升幅度将超过整个全新世（所有人类文明发展的时期）期间估测发生的温度变化上限，那这有什么影响呢？

除非尽快采取行动，开始减少人为温室气体排放，最终稳定这些气体在大气中的浓度（即防止它们继续上升），否则在 21 世纪末之前，全球平均温度将会比工业化前的水平上升 2 摄氏度。 尽管如此，2 摄氏度可能看起来只是一个微小的增长，那么它真的重要吗？ 如果确实如此重要，那又是为什么？

全球温度上升 2 摄氏度会有多严重？ 2 摄氏度的全球变暖是否会使人类不可避免地走向灾难性的未来？ 斯特芬等人（Steffen et al.，2018）的一篇科学论文的开篇如下：

我们讨论了自我强化的反馈可能将地球系统推向地球阈值的风险,如果越过这个阈值,可能会破坏在中等温度上升时的气候稳定,导致全球气温沿着"温室地球"路径持续变暖,即使人类减排也无济于事。超过这个阈值将导致全球平均温度比过去 120 万年的任何间冰期都要高出许多,海平面也将显著高于全新世的任何时期。我们研究了这种阈值可能存在的证据,以及它可能在哪里……这个阈值存在于何处是不确定的,但它可能只比工业化前升温2摄氏度的时间节点早几十年。

根据这些科学家的说法,超过2摄氏度阈值可能会引发他们所说的"临界点级联效应",这是一种生物地球物理正反馈回路(永久冻土融化、海冰消融、海洋中冰冻甲烷的释放等),它加剧了已经出现的升温趋势。 在温度上升2摄氏度之后,可能的灾难性影响包括海平面上升多达6米,粮食产量严重减少,以及北半球和热带森林大面积枯死。 但更严重的可能性是,一旦温度达到2摄氏度的增幅,气候系统可能会陷入"温室地球"路径,导致温度进一步上升,这种趋势很可能是不可逆转的,其影响将在此后持续数千年。 斯特芬等人公开发表的这篇文章中有制作精良、发人深省的图表,强烈建议读者获取这些图表并仔细研究。

最大的风险是,人类可能最终无法采取有效对策来避免危险的"温室地球"路径,因为目前大气中二氧化碳浓度和温度的变化速度都非常快。 斯特芬等人写道:"目前这些人类驱动的变化速度远远超过了过去改变地球系统轨迹的地球物理或生物圈力量所驱动的变化速度。"(Steffen et al., 2018)这甚至超过了约5600万年前引发古新—始新世极热事件的变化速度,当时全球气温比现在高8摄氏度。 科学家们认为,鉴于朝着特定终点变化的概率极高,我们为对抗这一趋势所作的任何努力都必须尽早开始,否则我们改变未来轨迹的机会将迅速减少。　正如另一组科学家（Aengenheyster et al.）在 2018 年的一篇论文中所说，我们可能正在接近气候变化的 "不可逆临界点"。　一旦抵达这个临界点，我们将无法避免未来温度上升和灾难性后果。

第四章

———

相信气候科学

　　2021 年 11 月，根据各国在格拉斯哥会议上就《巴黎协定》作出的最新承诺可知，全球温度正朝着比工业化前水平上升约 3 摄氏度的方向发展。古气候学家的研究表明，上一次全球温度比现在高 3 摄氏度的时候，大约还是 300 万年前，那时候的海平面比现在高 17 米。种种数据表明，地球气候的确一直在变化。也许在某些时候，它的变化速度对我们来说还不够快。比如，如果我们人类生存于"雪球地球"的初始阶段，那么我们面对的就将是延续几亿年之久的寒冷天气。但那已经是 7 亿年前的事情，幸运的是当时还没有哺乳动物，无论是物种进化，还是人类赖以蓬勃发展的环境小生境（environmental niche），都还没有为人类作为一个物种的降生和成功准备好先决条件。徐驰等人（Chi Xu et al., 2020）写道："所有物种都有环境小生境，尽管技术进步了，人类也不可能例外。研究表明，几千年来人类一直存活于地球可见气候层中同一个有限区间内，其特征是大部分时间平均温度都在 11—15 摄氏度。"

　　我们的环境小生境就是全新世，这是我们的气候摇篮（climate cradle）。徐驰等人表示："在未来 50 年里，预计这个温度小生境的变化幅度将超过 6000 年以来的变化幅度。"过去 6000 年涵盖了人类文明的产生，以及地球人口从 1100 万左右增长到 2050 年预计的 97 亿的全过程。

在未来的半个世纪里，环境条件是否真的会产生急剧的变化，迫使我们离开过去 6000 年来一直赖以生存的环境小生境？为什么我们该相信在当下或 21 世纪晚些时候这种变化可能，甚至非常可能会发生？即便真的发生了，事情会糟糕到危及我们当下的整个生活方式吗？最后，即使我们姑且相信所有这些都可能在未来某个时间点发生，那为什么我们加拿大人要相信只要我们现在或者说今年采用唯一且非常具体的策略，即开始减少温室气体排放，直到 2050 年达到净零排放的目标，就可以避免灾难性的未来？即使我们认同应该作出一些改变来减少排放，那又凭什么相信需要在 2050 年前就采取如此极端的措施呢？为什么不能再等一段时间，等到我们可以更加确定到底是无须担忧，还是真的别无选择，只能采用这个策略？

为了给上述这类问题提供合理、有依据的答案，在过去的 50 余年里，数百名世界各地的不同学科的科学家共同对气候科学进行了相当详尽的总体评估。关于这个主题，同行评议期刊上发表的论文早已达到数千篇，甚至数万篇。他们在这方面采用的分析方法，是从过去几个世纪的先贤们的知识储备中继承、总结而来的。气候科学家使用的方法在各个方面都与当代物理、化学等科学探索中使用的研究方法相似或相同，尤以热力学和大气化学为典型。

上面提出的问题和其他与之类似的问题都只有一个答案：我们应该接受我们必须做的事情，因为在过去的 50 年里，无数来自包括加拿大在内的世界各国的最杰出的自然科学家都这样说过。分析表明，在已发表的气候研究论文中，有 97% 的人认为，人为造成的温室气体排放，是近期全球变暖以及未来几年预计会进一步变暖的主要原因。为了方便那些想要仔细研究这个依据的读者，我在本章的参考资料部分列出了六篇已发表的相关文章的开放访问网址。读者还可以查阅那些文章中的参考文献，其中包括一些挑战它们提出的具体主张的论文。但是，据我所知，在声誉良好的同行评议学术期刊上发表的文章中，没有一篇与这个 97% 的共识立场相矛盾。

整个科学论证的精髓都浓缩在一个简单的图表中，即图 3.1。单独的自然气候强迫与掺杂人类影响的气候强迫之间存在明显的差异，这意味着，我们人类要承担自 1950 年以来气温上升的责任——如果当前的温室气体排放量继续增加，那么目前的上升趋势仍将继续。

可是，我们作为普通人，而非气候科学家，为什么要相信这个观点呢？人们存在一些怀疑。有人认为人类行为不可能对地球气候产生决定性影响，也有人认为科学家的动机不纯。这些观点的矛盾之处在于，如果气候科学家使用的方法是错误的或不纯粹的，那么他们在相关领域的所有学界同仁亦是如此，因为后者使用的是完全相同的科研方法。另一个矛盾是，正是这种普遍共享的自然研究方法支撑着这些怀疑论者日常使用的所有技术和医疗设备。我们在生活中每天都看到的事实是，这些设备通常都按照预期的方式工作，这就证实了那些让它们可行的研究方法的科学性。

正如所有的风险情境一样，大自然未来灾难的发生是有概率的。除非立即采取相关应对措施，否则以后很有可能会发生一些危害性事件。人们对此类预测采取审慎态度，等到信息更加确定后再行动似乎不无道理。但是，审慎的程度取决于风险的性质。就气候系统而言，采用静观其变的方法可能是危险的，因为这会大大延迟降低风险的应对行动，一旦达到临界点，无论再采取什么补救措施，都无异于亡羊补牢，灾难已不可避免。

我们需要反复思量这种大胆而惊人的预测。我们可能会自问：或许全世界不同国家的一大批科学家都对气候变化作出了错误的判断？我们或许会认为这也绝非不可能。毕竟，现代科学史证明，每个时代的顶尖科学家也会偶尔在各自学科内的重要问题上犯错。在物理学上，光的"以太理论"直到 19 世纪末都得到广泛认可，人们普遍认为"以太"是一种不可见的介质，光通过它来进行传送。但事实证明，这种介质并不存在。在化学中，百年来人们都是用"燃素说"解释燃烧现象，直到 18 世纪晚期这一理论才被否定。同样地，在 18 世纪晚期之前，生物学家认为生物的生命形态是固定的，不存在进化。而在整个 18 世纪，地质学界不同的思想流派一直相互抵牾。

这些争论一直存在的原因之一是，在 1900 年以前，不同国家的科学家之间鲜有交流，偶尔的交流也主要局限于西欧科学家之间，且过程缓慢。然而，19 世纪末，科学家人数激增，并且在全球范围内扩散。自从万维网诞生，每天都有大量远距离的大型项目和论文的合作。科学家之间的日常交流和会议更加频繁，联合出版项目也大大增加了。在这些方面和其他因素的共同作用下，与过去相比，如今的科学界，不论哪个学科，发生重大误判且一直不被质疑的可能性已经大幅度降低了。

此外，气候科学领域具备多学科的特点，这也是防止其出现重大误判的特性之一。例如，热力学是现代科学中最古老的核心领域之一；它与物理学和化学领域都有交叉，也是包括发动机在内的许多现代技术中不可或缺的组成部分。气候科学家在耦合大气环流模型中使用热力学方程，从事气候研究以外的其他子领域研究的热力学专家可轻易判断这些模型中的方程使用是否充分或准确。现在还没有此类证据表明他们是错误的。

诚然，直至今天，科学在某些方面仍然有所欠缺：关于最小维度的物理实在的性质还有激烈的争论，粒子物理学的标准模型仍然不够完整，相对论和量子力学并不统一，以及所有物理学家都想揭开暗能量和暗物质的神秘面纱；在生物化学（如蛋白质折叠）和遗传学（如 DNA 修复）方面也有很多知识待揭秘。我们可以合理怀疑，就像其他知识及艺术领域一样，自然科学研究永无止境。然而，不完整、未解决的困惑以及理论诠释中关于一些具体细节的分歧，与重大误判是有区别的。

此外，和所有科学团体一样，气候科学界也在不断完善与改进其采用的理论和方法，并开发新的相关数据来源。 因此，在任何时候，人们都可以假设在气候科学家们的研究中还存在一些尚未发现的不足，而这些不足将在不久的将来由他们自己克服。 但是，寻求气候变化解释的科学家们目前已达成的共识是否有可能，甚至很可能是完全错误的呢？ 或者我们的言辞温和一些，换一种更为妥当的问法：即使我们完全接受自 20 世纪中期以来地球一直在某种程度上变暖并正在加速变暖的论点，那对这些已观察到的气候变化，是否有一些简单的替代性解释呢？ 例如，它们是否可能是由纯粹的自然过程造成的，比如太阳辐射的增加或其他因素？ 答案在一些气候科学界的重要共识性文件中已经给出了，其中包括 2017 年由一批美国顶尖科学家发布的《气候科学特别报告》（*Climate Science Special Report*）。 该报告全文可在互联网上查阅：

> 在过去的一个世纪里，没有任何观测证据能给出令人信服的解释。太阳辐射的变化和内部自然变率只能些微解释 20 世纪观察到的气候变化，而且在对自然周期的观测记录中，没有强有力的证据可以解释所观察到的气候变化。

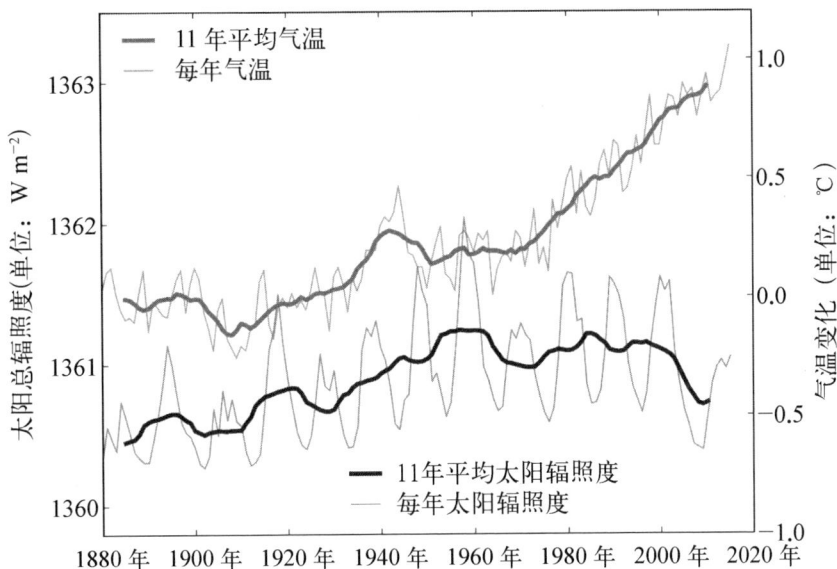

图 4.1 温度与太阳活动的对比

　　当然，这份报告的作者也有可能是错误的，但如果是错的，反对的证据在哪里呢？ 或者更糟糕的是，他们是否故意在对我们其他所有人，包括他们所有其他科学领域的同事在内，实施精心策划的骗局？ 这和声称 2020 年美国总统选举"被操纵"或"选票被窃取"有些相似。 这些说法的支持者中没有一个人解释过如此精心设计的造假行为是如何实施的。在目前情况下，一个相关的问题是，既然所有的科学研究都公开透明，而且要接受整个科学界的评估，那么气候科学的骗局是怎么被制造出来的呢？ 关于人为活动导致气候变化的现代科学共识起源于雷维尔和休斯在 1957 年发表的著名期刊文章，并且在 60 多年来不断被重申。 在未来数十年，如果科学界在气候研究方面发现了新的数据，发展出新的理论，从而质疑人类造成气候变化的观念和大幅减少人为温室气体排放的必要性，那么这些成果会经评审并发表在学术文献上，这一领域的发展也会因此而为我们所知。

无论是声称科学家们本就曾得出与此类截然相反的研究成果，这些成果可能随后被设法禁止发表，还是声称目前关于气候变化的科学共识等同于一个巨大的骗局，都仅仅是一种不负责任的、毫无根据的指责。诚然，偶尔有个别科学论文已经通过同行评议，并发表在知名期刊上，但由于包含错误，甚至是伪造的数据，随后就被撤回，这种情况有时相当于学术欺诈。但是，1957 年以来发表的数千篇关于气候科学的论文不可能都是这种情况。同样，更无法想象所有的作者都只不过是编造了整个气候问题，并且在某一时刻这个问题还会自动消失。不管接受这两个命题中的哪一个，都既是对起源于 16 世纪的整个现代科学探索过程的质疑，也是对摆在我们眼前的论证科学技术有效性的证据的质疑。

简而言之，如果有人认为，在现代自然科学的所有领域中，每一个单独的子领域都能产生可靠和有用的结果，只有气候科学是个例外，那就太荒谬了。

我们依靠科学家向其他人解释我们周围的世界是如何运行，以及为什么如此运行。前文中的许多内容提醒我们注意到现代科学的一个关键方面，即它必须与这样一个事实作斗争：自然界的大部分现实仍然隐藏在我们的一般认知之外，而且隐藏得很深。自然界的不同运作方式造就了我们对周围世界的所见所感，但我们是看不到这些运作方式的。为了揭开这些未知领域的面纱而设计的仪器从简单的望远镜和显微镜开始，最终发展为当前复杂到令人难以置信的粒子对撞机和耦合大气环流模型。

基于常识，我们会有这样的疑问：难道因为组成物质的粒子大多只是真空，所以我们每天与之打交道的那些物质对象的坚固性就是一种幻觉吗？怎么会有一种看不见的电磁力（学界称之为"强力"）将构成原子的粒子聚集在一起呢？为什么我们的眼睛所看到的世界只是宇宙中正在发生的事情的一小部分呢？这是因为完整的电磁波谱还包含许多其他维度——比如，紫外线、红外线辐射以及 X 射线。如果没有专门设备的帮助，这些我们是无法看到的。从常识的角度来看，所有这些以及更多的事情可能都很奇怪，但当我们坐在那里等待核磁共振和 CT 扫描时，我们不可能怀疑科学家告诉我们的这些现象的真实性。

对地球气候的科学研究是另一个同类型的谜团。我们无法"看到"气候；我们看到的、感觉到的和听到的只是每天的天气。科学家们必须从储存在地球地质历史里的大量宝藏证据中得出诸多推论，从而构建气候的变迁。这些证据包括：岩石、海洋沉积物、树木年轮、从冰原上钻出的冰芯、6 亿年之久的动植物化石以及其他数据。举个例子，如果科学家们在距北极仅 500 千米的海底沉积物中发现了棕榈花粉，他们便可以告诉我们，大约 5500 万年前，棕榈树曾生长在没有冰的北极地区，当时那里的气候就像今天的佛罗里达。因为氧和碳的同位素被保留在有孔虫这种微小生物的壳体和硅藻中，所以它们也可以告诉我们数亿年前大气和海洋的状态。但是，我们无法在周围的环境中看到地球气候的历史。随着一代又一代科学家的重新建构，那些关于地球地质和大气历史的故事才被讲述出来。基于那段历史，他们也对我们不久的将来可能出现的情况作了一些有启发意义的推测。

气候科学家们在继续他们的工作，而一些国家政府却在犹豫不决，不知该作何反应。世界各地的政府，特别是那些温室气体排放大国（中国、美国和其他一些国家）的政府和它们的公民（假设他们在这个问题上有发言权），迟早将不得不决定是选择接受上面总结的情景和预测，还是选择无视它们——因为他们有法定权利这么做。气候科学家已经对气候风险的概率给出了判断，并表明了他们对数据确凿性的自信程度。的确，他们有可能误解或夸大了气候变化风险的可能性以及风险内在固有的后果。但对我们来说，关键在于我们有多确定他们误解或夸大了风险。我们如果只是对于应该相信什么存疑，那么可以扪心自问：在作出是否相信这些科学家所说的话的决定之前，我们还可以等待多久？

对部分人来说，气候变化怀疑论就是拒绝相信科学家的共识和观点，而选择接受通过其他渠道读到和听到的东西，尽管我们当中很少有人拥有独立评估备选观点的有效性所需的知识和技能。 这种怀疑态度似乎正在减弱，而且，到目前为止，甚至美国绝大多数公民会向民意调查机构表示，他们相信全球变暖的现实。 然而，这仅仅是迈向那些可以结束温室气体排放量不断增加的强有力的政策和行动的第一步。 这类果断行动不仅是可取的，而且是必要的，对这类行动的肯定也意味着公民必须为此付出全部的经济和社会代价——即使在那些当选政府支持适当公共政策措施的国家，离那一步也似乎还有很长的路要走。

同样重要的是，我们要明白，无论相关科学知识基础有多么详尽，所有的风险情景都伴随着不确定性，气候变化风险也不例外。 地球的气候是一个高度复杂的地球物理系统，可以预料的是存在一些与之相关的不确定性。 但这绝不能证明，我们应该等待更多的确定性，然后再采取减少全球温室气体排放的必要行动。 相反，瓦格纳（Wagner）和泽克豪泽（Zeck-hauser）在 2018 年提出了一个有理有据的论点，即气候变化的不确定性使得现在实施这些步骤变得更加必要，而不是更不必要。

一些专家说，即使在 2020 年，通过遏制排放增长来对未来结果产生重要影响的时间也已经所剩无几。 可以肯定的是，还是有一些渺茫的可能，那就是：在到达重要的截止日期或临界点之前，科学共识可能会发生变化，然后科学家们会说我们根本不需要为温室气体排放而担忧。 但等待这种科学观点发生变化，有多大的可能是一种明智的做法呢？ 我们坐以待毙，只是等待这一可能发生的事情，无异于在对未来持续下赌注。这个赌注赌的是我们在不可逆转地踏上"温室地球"路径之前，目前关于气候强迫的科学共识发生重大变化的可能性有多大。因为那种情况如果发生了，我们在遏制温室气体排放方面所作的任何努力都不可能对未来结果产生任何影响。

因此，我们现在不管是什么都不做，抑或做得不够多不足以产生改变，又或者行动太迟缓，都会被认为不仅是在赌我们自己的未来，也是在赌我们子孙后代的未来。现在最年轻的一代人非常有可能会经历气候变化的一些更加严重的影响，也或许当前活着的大多数人在所预测的最糟糕的灾难发生之前就已经不在了；但在那之前，他们中的许多人可能会意识到，不管做什么，气候灾难都将不可避免。他们的子孙后代终将反思，他们的祖先不但不接受气候科学的发现，而且还以自己拥有的一切作为赌注，这究竟是明智还是愚蠢。

对我们来说，要采取与当前科学界在气候变化问题上的共识一致的战略，就意味着我们必须设法尽快遏制未来人为温室气体排放的增长，让大气中温室气体的浓度达到稳定；要做到这一点，各国必须共同防止它们的温室气体排放量继续上升，并必须开始将其减少到零。如果我们在未来 30 年左右的时间里无法满足这两个要求，那么无论我们决定做什么，都有可能走上不可逆转的"温室地球"路径。造成的可能性后果是，所有海岸线遭受严重洪灾，世界各地主要沿海城市遭到废弃，全球粮食供应大幅减少，森林大面积枯萎，海洋生物遭到严重破坏等。 这些影响很有可能在 2100 年之前就开始显现。

　　同样极有可能的是，如果我们在 21 世纪下半叶就已踏上了这条"温室地球"路径，我们将会发现它的不可逆性。 基于一大批科学家的共同研究，联合国政府间气候变化专门委员会定期发布全面而详尽的多年度全球气候变化评估报告，受到一致认可。 其发布的第五次评估报告（AR5，2014）写道："即使人为温室气体排放停止了，气候变化的许多方面及其相关影响也将持续几个世纪。 随着气候变暖幅度的增长，突发性或者不可逆的风险也会增加。"

　　现代科学依靠的是循证推理。 基础科学和应用科学的重大发现在大约 250 年前就开始源源不断地积累，到今天仍继续加速地定期出现。 较新的实际应用的例子包括遗传学、疫苗、电池、蛋白质折叠、量子计算、纳米材料等。 这些发现已经成为通信、交通、计算机硬件和软件、医学等领域的日常生活中的重要组成部分——这一列表实际上是无穷无尽的。和它们一样，气候科学也是现代科学整体努力的产物，尤其融合了化学、物理学和地质学。 它基于相同的方法、方程和理论，并与其他科学共享收集的证据，以验证理论和假设。 除此之外，还有什么可以作为观点的依据呢？ 联合国政府间气候变化专门委员会的报告有数千页，引用了来自世界各地数百名科学家的数千份参考文献。 自 1990 年首次发布到 2022 年底，这些报告被全面更新了五次，每一次都包含发表在同行评议期刊上的最新学术研究成果。 显而易见的事实是，不存在任何一种可以挑战联合国政府间气候变化专门委员会报告的结果的基于证据的综合信息资源。对于那些想要在这个学术舞台上大展拳脚的所谓气候否定者，人们可以简单地说："给我看看你的证据。"

普通公民（包括作者本人）并不是这些科学领域的专家。那么，在这种情况下，观点的合理基础是什么呢？答案是，它基于一种可靠的社会学解释，即理解科学在几个世纪里是如何通过细致的合作理论建构和实验证明运行的。即使我们无法从其内在的主张和正确性来理解其基础知识，但我们需要知道这个巨大的结构是如何被设计和构建的。如果一个人关心气候科学的结果是否可靠，那么在互联网上搜索可供替代的观点（例如，最近的全球变暖可以用太阳辐射的变化来解释，而忽视图 4.1 中提出的证据）就是没有意义的——因为如果缺乏相关学科的系统训练，那就无法评估其中哪个论点比其他论点更可靠。

在这种情况下，这样随意地表示怀疑是徒劳无功的事，是在相反意见的随机组合中进行的惰性搜索。对于不是科学专家，但希望检验科学结论可信度的人来说，还有一种更有价值的途径：订阅免费的《量子杂志》（*Quanta Magazine*）电子版，阅读它关于近期科学合作如何产生新成果和创新技术的每日报道，包括天体物理学（引力波的发现）、生物学（RNA 疫苗或利用遗传学的新型靶向药物）、化学（纳米传感器和双离子电池）以及气候科学的最新发现。

　　科学家试图告诉我们，从 1950 年开始，人类就进入了一个全新的近代气候史阶段。 他们警告我们，如果无限期地沿着这条路走下去将是非常危险的。 我们为什么不相信他们所说的话呢？ 如今，我们这些活着的人可能会认为，在气候赌场中掷骰子是一件很随意的事情，只是在我们把注意力转向更紧迫的问题之前的短暂行为。 但是，当这场赌博的结果出来时，我们的子孙后代终将无法保持中立、无动于衷。

第五章

加拿大：气候变化协议的谈判

前几章中提到的气候科学家的一些陈述，明确警示人类可能面临的灾难性未来。它们毫不含糊地告诉我们：世界各国不能对气候变化听之任之。但是，应该做什么，由谁来做，怎么做？每个国家是否应独立决策并决定在这一问题上其公民需要作出何种程度的集体努力以符合自身的道义标准？换句话说，也许所有人，无论他来自哪个国家，都应该评估自己在多大程度上导致了温室气体排放量的增加并相应地改变生活方式。例如，他是否可以选择在自己的屋顶上安装太阳能电池板，或者选择购买电动汽车，或者只是乘坐公共汽车，就能把气候变化问题抛之脑后？

关于气候强迫和温室效应的科学解释为这些问题提供了三个关键答案。第一，人类活动很可能正在影响气候，因此，地球上几乎每个人都在某种程度上导致了这种结果。第二，导致气候变化的地球物理过程是全球性现象。前面章节中回顾的所有气候要素——太阳辐射、碳循环、水文循环、陆地—大气—海洋相互作用——无论它们起源于何处，都会在全球范围内混合和循环。第三，过去的人类活动，而不仅仅是现在或未来的行动，是导致气候变化的主要因素。

综合这三个答案可以看出，任何人都不能仅专注于自己在全球变暖问题中的行为，而忽视他人正在做什么，即使那些人生活在遥远的地方：印度人对加拿大人现在和过去关于能源使用所作出的决定有合理的知情权，而加拿大人也同样享有关注中国人今天所作出的选择的权利。

显然，这三个答案使得问题变得非常复杂。相隔千里的印度、加拿大和中国在能源的利用选择上是互相关联的，它们怎么做到协调各自的行动呢？当然，在过去的几个世纪里，各国的选择通常包括发动战争，或者签署只涉及几个缔约方的多边条约。1914 年第一次世界大战前夕，英、法、俄的"三国协约"与德、奥、意的"三国同盟"等对立条约的相继签订，鼓励了大规模战争，而不是阻止它。20 世纪，由国家组成的对立权力集团的旧体系完全瓦解，这促成了 1945 年联合国的成立，以及旨在团结所有国家的协议的诞生。

现代国际条约法始于大约 400 年前的欧洲，其早期的著名事件是 1648 年的《威斯特伐利亚和约》，这一条约结束了血腥的 30 年战争；然而，它的起源可以追溯到古代。1945 年之后，尽管面临实施的困难（如本章后面讨论的那样），国际条约法依然取得了迅猛发展。随着 1992 年《联合国气候变化框架公约》的签署，气候变化成为这一进程的主题。这种类型的条约要经过谈判、签署、批准和实施等不同阶段。"签署"通常是在各国代表就条约最终文本达成普遍共识的会议上进行的；"批准"则指各国的法律机构正式表示同意。条约通常有一个门槛，即必须由特定数量的国家批准，当达到这个数字时，条约生效，这意味着其条款现在在法律上或道德上对这些国家具有约束力。《联合国气候变化框架公约》于 1992 年 6 月在里约热内卢举行的地球峰会上达成；它获得了足够的国家批准，于 1994 年 3 月生效。（截至 2025 年 4 月，有 198 个缔约方。）

自 1992 年以来，人们普遍认为，只有通过一项至少由所有温室气体排放大国签署的国际条约才能应对全球变暖的威胁。 因此，1992 年以来根据《联合国气候变化框架公约》所作的集体努力的基本目标是"将大气中温室气体的浓度稳定在防止气候系统受到危险的人为干扰的水平上"。"稳定"意味着防止世界所有国家的温室气体排放量在一段时间内进一步增加，防止大气中温室气体浓度继续攀升。 为了阻止"气候系统受到危险的人为干扰"，人们希望随着时间的推移能够降低现有浓度。 公约第 3.1 条包含一个重要的警告，我们将在后文中讨论其含义：

> 各缔约方应当在公平的基础上，并根据它们共同但有区别的责任与各自的能力，为人类当代和世代的利益保护气候系统。因此，发达国家缔约方应当率先对付气候变化及其不利影响。

该条款使后续充分、公平地落实《联合国气候变化框架公约》目标的努力陷入困境。

臭氧层和气候

到 1992 年，在努力推动国际社会应对气候变化的方面，加拿大已成为重要参与者，促成了《联合国气候变化框架公约》的签署，推动在各国之间就气候变化应该采取的措施（如果有的话）达成广泛共识。 值得注意的是，1988 年 6 月在多伦多举办了主题为"变化中的大气：对全球安全的启示"的国际会议（以下简称"多伦多会议"）。 它由时任加拿大驻联合国大使斯蒂芬·刘易斯（Stephen Lewis）主持，由时任加拿大总理布赖恩·马尔罗尼（Brian Mulroney）和时任挪威首相格罗·哈莱姆·布伦特兰（Gro Harlem Brundtland）共同开幕。

多伦多会议是早期为保护地球上层大气臭氧层而进行的国际协议的直接产物。 这一进程在 1985 年联合国维也纳保护臭氧层会议和 1987 年《关于消耗臭氧层物质的蒙特利尔议定书》（*The Montreal Protocol on Substances that Deplete the Ozone Layer*，以下简称《蒙特利尔议定书》）中达到高潮。 该议定书为在世界范围内逐步淘汰此类物质的生产和消费制定了时间表。 蒙特利尔被选为这项重要工作的举办地，表明加拿大开始在国际污染控制等问题上发挥主导作用。

臭氧层议题与后来的气候变化议题之间存在内在联系。地球的臭氧层是平流层中一个非常薄的区域，位于地表上方 25—50 千米，吸收了太阳光线中大部分强烈的紫外线辐射（UVA 和 UVB）。 虽然少量的紫外线辐射对地球上的生命有益，但大量的紫外线辐射对植物和动物都非常危险，因为它会破坏基因，并在人类中导致更高的皮肤癌发病率。虽然平流层中的臭氧浓度极低，仅为10%左右，但这些臭氧依然捕获了大约98%的太阳紫外线辐射，为我们提供重要的保护。也正因为臭氧含量极低，所以即使面对少量破坏，这种保护也会变得十分脆弱。1985年，科学杂志《自然》（*Nature*）中使用了"南极臭氧层空洞"一词，从那时起臭氧层的这种脆弱性就引发了公众的广泛关注。

消耗臭氧层的物质中最危险的是氯氟烃（CFCs）和氢氯氟烃（氢氟碳化合物，HFCs）。这些工业化学品主要用于冷却技术，如制冷和空调。在其使用过程中会有一些逸出，并进入高层大气，破坏臭氧分子。这些化学品很快被认为也是推动气候变暖的强效物质，它们捕获热量的能力是二氧化碳的1000倍。科学家已经意识到它们构成了双重威胁。

臭氧层保护和气候变化之间的内在联系变得非常重要。致力于对抗臭氧层耗损的战斗非常引人注目，因为从《自然》报道臭氧耗损到科学界和政界就必须采取应对措施达成共识，只用了五年多一点的时间。一开始有一些国家政府和大型企业反对放弃氯氟烃，但很快这种阻力就被克服，为解决这一问题的国际谈判也得以继续。

总的来说，从1974年两篇具有开创性的科学文章发表到1989年《蒙特利尔议定书》生效，只用了15年时间。当然，这一早期的成功很大程度上得益于主要工业行业参与者有替代方案可用，以便在放弃使用破坏臭氧层的化学品的同时继续维持其冷却设备的运作。 这个过程仍在进行中：旨在减少氢氟碳化合物的《〈蒙特利尔议定书〉基加利修正案》（*Kigali Amendment to the Montreal Protocol*，2016）已于 2019 年 1 月 1 日生效。

自 1985 年联合国维也纳会议之后，科学界的注意力开始由臭氧层问题转向气候变化问题。 许多人可能认为全球变暖的处理也可以如臭氧层问题一样快速取得胜利。 这种想法认为，我们可以采用类似的流程：首先，组织一场非赞助的框架会议；其次是制定协议，以减少大气中的化学物质（在这种情况下是温室气体）为目标；最后，建立执法机制以鼓励世界各国实现这些目标。 如前所述，加拿大处于该战略的中心，于 1987 年主持《蒙特利尔议定书》的会议，仅一年后还主办了多伦多会议。

然而，这种期望被证明是一个根本性的错误——产生了一些非常严重的后果。 正如我稍后将更详细地解释的那样，在加拿大和世界其他地方，科学家和政治领导人都严重低估了臭氧与气候之间的一个重要区别：国家经济对化石燃料能源（煤炭、石油、天然气）的高度依赖。 科学家和政治领导人确实完成了第一步，即拟定了《联合国气候变化框架公约》。 与此同时，他们通过《京都议定书》（*Kyoto Protocol*）（1997 年通过，2005 年生效）完成了接下来的两个步骤。 但在实际操作中，整个过程却停滞不前。 一些政府和主要工业展开坚决且长期的抵制运动，反对减少化石燃料能源的使用，而这是导致全球变暖的主要因素。 这种抵制在加拿大和美国都很明显，并且在某些方面持续到今天。

20 世纪国际条约的经验

接下来的讨论将表明，1990 年之后，世界各国在制定可行的应对气候变化条约方面遇到了很大的困难。 国际条约的一种普遍现象是：国家行为体，尤其是军事实力强的主体，往往会违背早先的庄严承诺，直接忽视他们原本应该遵守的规定。 20 世纪签署的一系列相关条约，以《禁止化学武器公约》（*Chemical Weapons Convention*）为代表，生动地印证了这个问题。

1899 年在海牙举办的国际和平会议曾禁止使用装有窒息或有害气体的炮弹。 然而，最终的结果我们都知道，第一次世界大战期间大规模使用有毒气体武器，造成 10 万多人死亡、100 万人受伤。 第一次世界大战后，新的有毒物质被发明出来，特别是神经毒气。 这促成了进一步的国际禁令，即 1925 年的《禁止在战争中使用窒息性、毒性或其他气体和细菌作战方法的议定书》（*Geneva Protocol for the Prohibition of the Use in War of Asphyxiating, Poisonous, or other Gases, and of Bacteriological Methods of Warfare*，以下简称《日内瓦议定书》）。 尽管如此，墨索里尼（该议定书的签署者）领导下的意大利军队在 1935—1936 年的埃塞俄比亚战争中使用了毒气。 在第二次世界大战爆发时，人们非常担心早先在欧洲发生的事情会重演。1939年战争爆发时，所有交战方都生产并持有大量化学武器，但从未使用过，原因几乎可以肯定：各方都知道无论谁第一次使用，都会引发大规模报复。

从1961年到1971年的整整十年间，在远离大国土地的战区——越南，美国再次发动了化学战。他们使用的是一种除草剂——橙剂，其污染物二噁英造成了广泛的长期健康危害。与此同时，人们从20世纪60年代开始谈判一项更新的《禁止化学武器公约》，这项公约于1997年生效。在此期间，尽管1925年的《日内瓦议定书》仍然有效，但萨达姆·侯赛因（Saddam Hussein）领导下的伊拉克在20世纪80年代仍对伊朗军队发动了化学战。1991年，他们对自己的一些公民，即库尔德少数民族部署了化学武器。

《禁止生物武器公约》（Biological Weapons Convention）也遭遇了类似的命运。1925年的《日内瓦议定书》首次提到了生物武器，这一议题于1968年被重新提出。1975年，全球启动了《禁止发展、生产、储存细菌（生物）及毒素武器和销毁此种武器公约》[Convention on the Prohibition of the Development, Production, and Stockpiling of Bacteriological (Biological) and Toxin Weapons and on Their Destruction]。但是该公约中完全缺乏核查或强制执行条款，而且众所周知，苏联的"生物武器计划"公然违约却没有受到惩罚。

2017年的联合国《禁止核武器条约》（Treaty on the Prohibi-

tion of Nuclear Weapons）规定"禁止缔约国开发、测试、生产、制造、获取、持有或储存核武器或其他核爆炸装置"，然而荒谬的是：目前持有此类武器的国家，诸如美国、俄罗斯、英国、法国、印度、巴基斯坦等都抵制了所有与该条约有关的会议。总的来说，世界上仍有 1.5 万枚核弹头，且其中近 90% 由美国和俄罗斯这两个核超级大国持有。这两个核大国的最新技术已将它们的核武库升级到真正令人恐惧的高度，包括陆基高超音速洲际导弹，其速度是声速的 5 倍（速度更快的武器正在研制中），每枚都配备了 15 个分导式多弹头，这些都是具有巨大破坏力的核弹头。其他核武器则装载在轰炸机上或者在潜艇中不断巡航，并且可以从水下发射。这两个国家持续不断地改进这些技术，提高在产量、精度和雷达干扰技术等方面的表现。

其他相关公约还包括：《生物多样性公约》（*Convention on Biological Diversity*，1993）和《防治荒漠化公约》（*Convention to Combat Desertification*，1996）；《关于禁止使用、储存、生产和转让杀伤人员地雷及销毁此种武器的公约》（*Convention on the Prohibition of the Use，Stockpiling，Production and Transfer of Anti-Personnel Mines and on their Destruction*，1999），已有 165 个签署国；《关于汞的水俣公约》（*Minamata Convention on Mercury*，2013），已有 128 个签署国和 85 个批准国；《国际捕鲸管制公约》（*Regulation of Whaling*，1948），截至 2014 年已被 89 个国家接受。这些公约在规模上非常有限，在核查和实施方面也

存在严重缺陷。尤其是《国际捕鲸管制公约》，其历史颇为奇特且颇具争议，一些国家先是批准了该公约，然后又多次退出。

为了更好地解释《联合国气候变化框架公约》30 年来尝试实现其主要目标所遭遇的严重困难，我特别强调了全球重要议题的国际条约谈判历史。这些困难至今仍未被完全克服。

气候变化条约进程

如前所述，这一进程始于 1988 年的多伦多会议。此次会议备受瞩目，除了布伦特兰首相和马尔罗尼总理，还有 30 多名高级部长与会。加拿大学术权威专家肯尼斯·黑尔（Kenneth Hare）发表了开幕主题演讲。会议声明由各国代表共同形成，开篇如下："人类正在进行一场无意识、不受控制、遍及全球的实验，其最终后果可能仅次于全球核战争。地球的大气层正在以前所未有的速度发生变化。"声明接着指出："目前最可靠的预测表明，当前和未来几代人都可能会面临严重的经济和社会混乱，这将加剧国际紧张局势并增加国家之间和国家内部的冲突风险。因此，行动刻不容缓。"这显然呼应了雷维尔和休斯 1957 年发表的著名文章的观点。

会议声明明确指出了气候变化的一个关键方面，这将使所有致力于说服公众支持立即采取措施解决该问题的人感到困扰："从温室气体排放到它们在大气和生物环境中充分作用之间可能存在数十年的时间滞后。过去的排放已注定地球将严重变暖。"这种时间滞后意味着公民不能直观地看到缓慢积累风险的证据，也无法意识到他们在不知不觉中助长了未来问题的出现。

最重要的是，这份声明向全世界所有国家发出了行动号召，这是首个关于气候变化的此类劝诫。 在接下来的 30 多年里，有许多类似的呼吁：

> 制定能源政策,减少二氧化碳和其他微量气体的排放,以降低未来全球变暖的风险。稳定大气中二氧化碳的浓度是当务之急,据估计,当前的排放水平需要减少 50% 以上。到 2005 年要将全球的二氧化碳排放量减少大约 20%（以 1988 年排放量水平为基准）是一个起始目标。要明确,发达国家有责任通过其国家能源政策以及双边和多边援助机制来作出表率。

"当前的排放水平需要减少 50% 以上"的提法在当时未能引起足够的关注，但这一目标却一直萦绕在后续的气候变化谈判进程中。 整整 30 年之后的 2018 年，在《联合国气候变化框架公约》谈判期间的 "塔拉诺阿对话"（Talanoa Dialogue）上，新的领导人重申了到 2030 年将温室气体排放量较 2018 年的水平减少 50% 的目标。 第一次提此要求时无人理会， 第二次重申实现的可能性也不会太大。

多伦多会议呼吁所有国家 "支持联合国政府间气候变化专门委员会的工作"。 这是一个新成立的机构，汇聚了来自世界各地的气候科学领域的专家，旨在提供关于气候变化及其对人类社会潜在影响的权威、客观的总结。 最后，会议声明还要求在场的与会者"开始制定一项全面的全球公约，作为大气层保护相关协议的框架"。 这一期望得到了快速的响应。 仅仅四年后，即 1992 年 5—6 月，联合国在里约热内卢举行了环境与发展会议（也被称为"地球峰会"），制定了《联合国气候变化框架公约》。 加拿大再次发挥了主导作用：总理布赖恩·马尔罗尼出席会议并签署文件，后来加拿大成为七国集团中首个批准该公约的国家。

下面将主要讨论温室气体减排目标的问题。 多伦多会议根据三项规定启动了这一进程：（1）"稳定"大气中的二氧化碳浓度；（2）将当前全球排放量降低 50%；（3）2005 年的排放量将在 1988 年的水平上减少 20%，这是第一步。"稳定"温室气体排放意味着让它们永远保持在现有排放量之下。 第二个目标没有具体时间表，但第三个目标给出了一个明确的中期目标。 加拿大马尔罗尼政府签署了这些承诺。

几年后，当《联合国气候变化框架公约》的文本最终定稿时，它包含了（如前所述）一个面向各国的新的总体目标——共同寻求防止"气候系统受到危险的人为干扰"，这一目标成了后续所有行动计划的基石。 但是，在公约本身的条款中，没有提供具体政策措施来实现这一目标，也没有任何指导去明确为了达到这个目标需要付出多大的努力。 但在公约的非约束性附录中，包括加拿大在内的发达国家同意了一项新的承诺。 这是长期系列承诺中的第二项：在 2000 年前将温室气体排放量恢复到 1990 年的水平。 各国回国后考虑如何履行这些承诺——这就是麻烦开始的时候。 在 1993 年 10 月的加拿大联邦大选中，自由党取代了保守党，这使得问题更加复杂。

　　一个可悲的事实是，在随后的五年中，加拿大联邦政府和省政府通过一系列令人眼花缭乱的政策提案，反复提出减少温室气体排放的目标，而实际上却一无所成。 更糟糕的是，加拿大的温室气体排放量在此期间稳步上升，这使得实现任何减排目标都变得越来越困难。 杰弗里·辛普森（Jeffrey Simpson）、马克·杰卡德（Mark Jaccard）和尼克·里弗斯（Nic Rivers）在 2007 年出版的《热空气》（Hot Air）一书中很好地讲述了整个可悲的故事。 时至今日，该书仍然非常值得一读，因为它描述了加拿大在长时间内应对减排所采取的敷衍托词以及不作为的借口，进而导致名誉扫地，这种现象在加拿大仍然普遍存在。

　　有一个事件尤其引人注目，因为它对这个国家接下来十年的政府不作为产生了重大影响。 根据《联合国气候变化框架公约》的规定，用于会谈的国际会议称为"缔约方大会"（COP）；第一次于 1995 年在柏林举行，最近一次（第二十六次缔约方大会）于 2021 年底在格拉斯哥举行。 1995 年的会议以及接下来的会议旨在对减少排放的实际数值进行谈判，这些目标仅适用于选定的发达国家，共有 39 个国家，包括加拿大和美国，它们将成为所谓的附件 B 国家。 这些目标将于 1997 年 12 月在日本京都举行的第三次缔约方大会上进行讨论。 在加大谈判团队前往京都之前，联邦政府和省政府在萨斯喀彻温省里贾纳市举行了一次会议，会议就支持将 1992 年《联合国气候变化框架公约》的目标（将排放量降至 1990 年的水平）延长十年达成共识。然而，加拿大官员到达京都后，他们并没有将这个"将温室气体排放量减少至 1990 年的水平"的目标延长至 2010 年，而是选择承诺"将温室气体排放量减少 6%（以 1990 年为基准）"，以试图"超越"美国谈判代表早先设定的"将温室气体排放量减少 5%（以 1990 年为基准）"的目标。事实证明，这不仅没有遵守联邦政府和省政府会议制定的协议，而且也是一种徒劳的策略：在京都，美国同意了相较于 1990 年减排 7% 的目标，但最后未能批准该议定书！加拿大西部的产油省份对此感到愤怒是可以理解的。在此期间，加拿大总理让·克雷蒂安（Jean Chrétien）领导的政府花费了五年时间（直到 2002 年）才批准《京都议定书》：更糟糕的是，他的政府和保罗·马

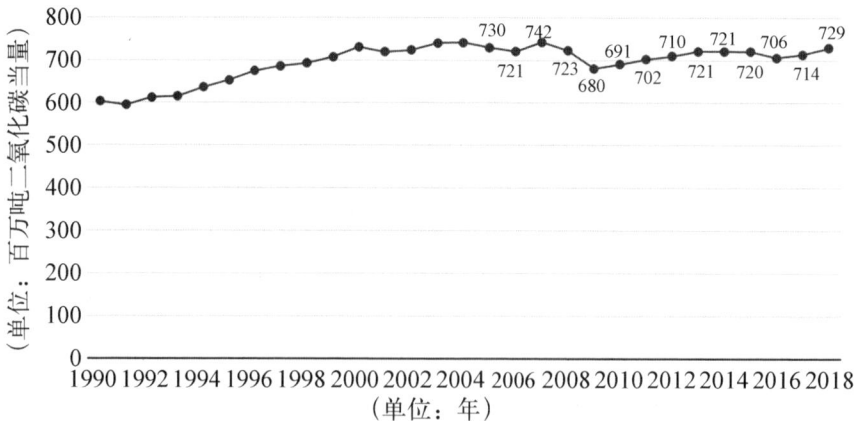

图 5.1 加拿大温室气体排放量

丁（Paul Martin）领导的自由党继任政府在这段时间内（1993—2006 年）没有真正努力去实现该目标。

在斯蒂芬·哈珀（Stephen Harper）的保守党政府领导下，这场闹剧重新上演。 正如《热空气》描述的那样：

> 2007 年哈珀政府承诺到 2020 年将加拿大的温室气体排放总量比 2006 年减少 20%，到 2050 年将减少 50% 到 70%……请记住，在克雷蒂安自由党的领导下，加拿大承诺在 2008—2012 年将加拿大的温室气体排放量在 1990 年的水平上减少 6%。然而事实情况是，到 2004 年，它却增长了 26%，与京都目标相差 33%（以 1990 年为基准）。

在 2006—2015 年，无论是这一届政府还是斯蒂芬·哈珀领导下的政府，都没有达成任何温室气体减排目标。 哈珀领导的保守党拥有一支强大的阿尔伯塔省的代表团，他们对 1997 年发生的事情抱有很深的怨言。 这和其他原因最终导致加拿大在 2012 年退出《京都议定书》，成为唯一一个这样做的国家。根据 2012 年《〈京都议定书〉多哈修正案》（*The Doha Amendment to the Kyoto Protocol*），各国对 2013—2020 年温室气体排放作出了新的承诺。 但加拿大没有参加，它已于 2011 年 12 月 15 日通知联合国，打算退出《京都议定书》，这一决定在一年后生效。

美国的立场在这个故事中显得尤为重要。 虽然时任总统克林顿在 1997 年的京都会议上承诺将美国的温室气体排放量减少7%（以1990年为基准），但他甚至从未将《京都议定书》提交美国参议院批准（这是美国宪法规定的所有条约都必需的一项要求），因为他知道这永远不会被通过。虽然美国早在1997年就批准了《联合国气候变化框架公约》，但参议院已经以95票赞成、0票反对通过了"伯德-哈格尔决议"。根据此决议，在以下两种情况下，美国不会成为《联合国气候变化框架公约》任何相关议定书的缔约方。第一，"要求发达国家作出限制或减少温室气体排放的新承诺（除非该议定书或其他协议还规定了新的具体承诺，即在同一履约期内限制或减少发展中国家缔约方的温室气体排放）"；第二，"对美国经济造成严重损害"。换句话说，克林顿总统派其谈判代表前往京都，宣传一个非常雄心勃勃的减排目标，然而他事先知道这个目标永远不会实现。

尽管如此，美国代表仍继续参加缔约方大会。随后，时任总统奥巴马签署了2015年《巴黎协定》。该协定作为《联合国气候变化框架公约》下的一项行动，仅包含非约束性承诺。因此，它不需要参议院的批准或任何其他形式的正式许可。在"伯德-哈格尔决议"通过19年后，即在《巴黎协定》（将在下一章讨论）签署之后，美国参议院强烈批评奥巴马作出的这一新决定。2017年11月，时任总统特朗普宣布计划退出《巴黎协定》，尽管根据该协定的条款，美国要到2019年11月才能提交正式的退出通知，并于2020年11月4日真正退出该协定。特朗普总统确实贯彻了这些条款，美国在11月

3 日总统选举的次日退出了《巴黎协定》。而正如乔·拜登
（Joe Biden）所承诺的那样，在他 2021 年 1 月 20 日就任总统
当天美国重新加入了该协定。不难想象，世界第二大温室气
体排放国这种反复无常的行为削弱了社会对国际条约体系的
信心。

除了美国和加拿大，其他签署并批准《京都议定书》的附
件 B 国家是否履行了在 2008—2012 年减少温室气体排放的具
体承诺？迈克尔·格鲁布（Michael Grubb）进行了分析，发
现其余承诺减排的附件 B 国家作为一个整体至少实现了一种
"类似于"百分之百的履约，这有赖于《京都议定书》的灵活
机制：

> 其余 36 个有量化承诺的国家（即 2012 年附件 B 国家）
> 的集体任务分配非常不平衡。许多经合组织成员国可能面
> 临缺口，而由俄罗斯和乌克兰主导的后苏联时代"经济转型
> 国家"（EiTs）则有大量盈余……合规性确实依赖于项目信
> 用：在此期间，每年有约 3 亿吨二氧化碳当量的核证减排
> 量，通过清洁发展机制（CDM）从发展中国家获得，另有大
> 约 1.5 亿吨二氧化碳当量来自 2012 年附件 B 国家（联合履
> 行机制）内部的同类项目。

在这里，格鲁布指的是议定书中规定的机制，允许发达国家通
过资助发展中国家减排项目获得信用额度。这种做法经常受
到批评。但事实上，这表明京都会议谈判人员清楚地认识

到，实施的第一阶段将充满困难。从本质上讲，初步工作将非常艰巨，但一旦开始，后续阶段的持续减排工作可能会变得越来越容易，因为随着时间的推移，正在进行的调整将被纳入经济增长和行政结构的新阶段，从而使得未来的减排工作更加顺畅和有效。

如果加拿大人在加入国际条约时所作的承诺能够给我们留下一个教训的话，那就是：为了实现这些承诺，相关政策应该从谈判代表们回到加拿大的那一刻开始实施。丰富的经验告诉我们，除此之外别无他法，否则只会徒劳无功。当布赖恩·马尔罗尼在 1988 年多伦多会议上首次承诺减排时，加拿大每年的温室气体排放量为 5.88 亿吨，它承诺到 2005 年将它们减少 20%（即至 4.7 亿吨），这意味着平均每年大约减少 1700 万吨。2002 年，加拿大批准了《京都议定书》——承诺到 2012 年将温室气体排放量在 1990 年的水平上减少 6%——此时加拿大的排放量已从 1990 年的 5.9 亿吨增加到 7.17 亿吨。因此，在 2002 年，我们比 1988 年的最初目标高出近 35%。正如我们在下一章中看到的那样，加拿大不能兑现减少温室气体国际条约有关承诺的倾向持续到今天。

2009 年，随着《京都议定书》第一个承诺期（2008—2012 年）接近尾声，《联合国气候变化框架公约》缔约方在第十五次缔约方大会上会面，讨论《京都议定书》的后续行动。该会议达成了一项非约束性协议，即"哥本哈根协议"（Copenhagen Accord of 2009）。这是第一个为控制温室气体排放而明确具体温控目标的协议。 在谈到防止"气候系统受到危险的人为干扰"的目标时，各方都同意"全球气温升高（超过工业化前水平）应低于2摄氏度的科学观点"。 如前所述，《〈京都议定书〉多哈修正案》制定了第二个承诺期及任务："各缔约方承诺在2013至2020年的八年期间，将温室气体排放量至少比1990年的水平降低18%。"

然而，截至2012年，只有少数几个国家和欧盟同意进一步减少温室气体排放。 截至2019年2月，已为《〈京都议定书〉多哈修正案》交存接受书的国家数量已超过120个。 然而，在交存接受书的国家中，仅有29个国家（包括英国脱欧前的28个欧盟国家和冰岛）已正式同意履行《〈京都议定书〉多哈修正案》规定的承诺。 需要再次强调的是，这只是一种缺乏实质内容的形式上的行动。

尽管《京都议定书》的条款已于1997年底由发达国家的代表们正式签署，但该议定书仍有待批准，直到整整八年后的2005年2月才真正生效。 发展中国家没有根据该议定书作出任何承诺。 尽管发达国家在2012年之前都遵循《京都议定书》的条款，但全球温室气体排放格局的急剧变化显然表明需要一个全新的国际协议。 这项新协议便是2015年的《巴黎协定》，这意味着世界上所有国家将首次在一个统一的框架下合作，致力于控制温室气体排放。《巴黎协定》于2016年生效，截至2022年撰写本书时，它仍然是继续开展这项工作的框架。

联合国秘书长制定的最新具体目标是到 2050 年全球实现净零排放（也称为"碳中和"）。这意味着一个国家要么不排放温室气体，要么排放多少，就采取其他措施来抵消多少，例如植树或从空气中进行碳捕获。截至目前，已有 100 多个国家承诺努力实现这一目标，包括法国、英国、瑞典、新西兰和加拿大在内的一些国家已将这一目标写入法律。作为世界上最大的碳排放国，中国已承诺在 2060 年之前实现净零排放。让我们回顾一下加拿大近年来的情况，看看它是否有可能实现这一承诺。

加拿大根据《巴黎协定》向世界作出的最初承诺是，到 2030 年将温室气体排放量在 2005 年的水平上减少 30%。加拿大 2005 年的排放量为 7.3 亿吨，因此 2030 年的目标是 5.11 亿吨。（请注意，尽管在此期间作出了许多减排承诺，但截至 2019 年，加拿大的排放量与 2000 年几乎相同。如图 5.1 所示。）

2018 年，一个由加拿大联邦和省级所有的审计长组成的小组发布了一份综合报告《加拿大气候变化行动展望》（*Perspectives on Climate Change Action in Canada*）。这份报告指出，加拿大未能实现 1992 年在里约热内卢为自己设定的减排目标（到 2000 年将排放量稳定在 1990 年的水平）和 1997 年在京都设定的目标（到 2012 年的排放量比 1990 年低 6%），大概率也不会实现在 2009 年和 2010 年的缔约方大会上制定的新目标（到 2020 年的排放量比 2005 年低

17%）。 该报告还指出：

> 加拿大的审计长发现,加拿大大多数政府都没有按期履行减少温室气体排放的承诺,也没有作好应对气候变化影响的准备。根据目前的联邦、省级、地区的政策和行动,加拿大不太可能实现其 2020 年减少温室气体排放的目标。要实现加拿大 2030 年的目标,将需要在目前计划或实施项目之外作出更多的努力和行动。大多数加拿大政府尚未对此进行评估,因此也没有充分了解他们面临的风险以及应采取哪些行动来适应不断变化的气候。

该报告并未提及马尔罗尼总理在多伦多会议上作出的最初承诺, 即到 2005 年在 1988 年的水平上减少 20% 的碳排放。

由德国波茨坦气候影响研究所下属的非营利组织联合会赞助的气候行动追踪组织（Climate Action Tracker）, 十多年来一直在全球范围内搜集各国的承诺和行动信息。 该网站指出："虽然由于新冠肺炎病毒大流行的经济影响,预计 2020 年的排放量将比 2019 年下降 11%—13%, 但加拿大仍有可能比国家自主贡献目标（NDC）少 15%—20%, 因为我们估计二氧化碳排放量可能在 6.03 亿—6.3 亿吨当量之间。"该网站还指出,加拿大 2030 年的气候承诺与将气温升高控制在 2 摄氏度以下的目标不一致。 我们都必须拭目以待,看看实际会发生什么。 多年来,一个复杂的事实是几个省政府对联邦政府提起诉讼,声称它无权在全国范围内征收碳税。 2016 年,法律学者娜塔莉·查理福（Nathalie Chalifour）发表了一份细致的分析报告，声称联邦政府在这方面的权力是不容置疑的。 2021 年 3 月，加拿大最高法院以 6 票赞成、3 票反对的结果支持了《联邦温室气体污染定价法》（*Federal Greenhouse Gas Pollution Pricing Act*）。

2021 年的新法律和新目标

2020 年 11 月，加拿大政府首次在提案法案 C－12《加拿大净零排放问责法》（*Canadian Net-Zero Emissions Accountability Act*）中，将 2050 年实现净零排放纳入了未来目标。 该法案于 2021 年 6 月 30 日获得批准。 该法案规定，环境与气候变化部部长将"在本法案生效之日起六个月内制定 2030 年的减排计划"。 此外，还需制定一个 2026 年的中期减排目标，以及最迟分别于 2023 年、2025 年和 2027 年底提交三份进度报告。环境与气候变化部部长至少需要提前十年制定 2035 年、2040 年和 2045 年的目标。 最后，该法案要求环境与可持续发展专员至少每五年审查和报告一次加拿大政府为减缓气候变化而采取的措施，最迟于 2024 年底开始。

在 2021 年地球日（4 月 22 日）举行的气候峰会上，时任美国总统乔·拜登将美国在《巴黎协定》下的初步减排目标提高了近一倍。 原先，美国的减排目标是到 2025 年将二氧化碳排放量在 2005 年的基础上减少 27%。 现在，该目标被修正为到 2030 年将二氧化碳排放量在 2005 年的基础上最多减少

52%。 作为回应，总理贾斯廷·特鲁多（Justin Trudeau）将加拿大 2030 年的减排目标从既定的比 2005 年减少 30% 提高到比 2005 年减少 40%—45%。 为完成最初目标，加拿大 2030 年的排放量需要达到 5.11 亿吨；假设新目标的中值能够实现（比 2005 年减少 42.5%），那加拿大 2030 年的排放量将减少到 4.2 亿吨。

对于加拿大来说，在这个领域怀有追赶美国的雄心，存在一些严重的风险，就像 20 多年前的《京都议定书》（请参见本章前面的讨论）一样。 1990—2019 年，加拿大的温室气体排放量增加了 21.4%，人均排放量下降了约 11%，温室气体排放强度（即每单位国内生产总值的温室气体排放量）下降了 37%（见图 5.1）。 以下是美国同期的可比数字：温室气体排放总量增加 1.8%，人均排放量下降 22%，排放强度下降 50%（EPA，2021）。 可见，即使是在国家层面缺乏政治支持的情况下，美国在过去 30 年中已经将人均排放量和排放强度降低，而拜登政府现在将提供强有力的额外推动力。

在第八章的"减缓"一节中，我认为在 2020—2030 年，加拿大将不得不努力维持和实现最初的 2030 年目标（碳排放量比 2005 年减少 30%），更不用说实现新目标（比 2005 年减少 40%—45%）。 例如，正如一些评论员在 4 月 22 日提到的那样，加拿大的电力部门已经在很大程度上实现了脱碳（与美国不同），但石油和天然气部门的排放量仍在上升。 显然，兑现新的减排承诺可能要困难得多。 然而，在这种情况下，一系列中期目标、定期进度报告、针对后期目标长达十年的准备时间，以及环境与可持续发展专员的定期监督报告，这些承诺首次被正式写入法律。这将使以后执政的政府更难从政治层面忽视或调整目标。

然而，最重要的是到 2050 年的新目标。截至 2022 年春季，70 个国家（欧盟加上其他 33 个国家）已经设定了碳中和目标，即到 2050 年实现净零排放。国际能源署（IEA）在其2021 年 5 月发布的报告《2050 年净零排放路线图：全球能源行业的蓝图》(*Net Zero by 2050: A Roadmap for the Global Energy Sector*) 中介绍了实现 2050 年目标的情况：

> 这需要对支撑我们经济的能源系统进行彻底的转型……尽管当前在减排方面的设想与现实之间存在差距，但我们的路线图显示，仍然有途径可以实现到 2050 年的净零排放目标。在我们的分析中，我们关注的是最具技术可行性、成本效益和社会可接受性的路径。即便如此，这条路径仍然狭窄且极具挑战性，需要各利益相关者——政府、企业、投资者和公民——在今年及以后的每一年都采取行动，以确保目标不会落空。

经济学家让·皮萨尼-费里（Jean Pisani-Ferry）于 2021 年 8月在网上发表的一篇重要文章中强化了这一信息，强调了净零排放承诺对宏观经济的巨大影响。他警告说，"数十年的拖延"将使向脱碳未来的转型比原本可能的更加困难——任何进一步的拖延都可能使这个目标变得不可实现。 加拿大和其他所有作出 2050 年承诺的国家都应该认真考虑这些建议。

渥太华大学的莫妮卡·盖汀格（Monica Gattinger）在评论国际能源署的报告时写道："这意味着未来 30 年能源和经济系统的彻底重塑。"她还意识到，国际能源署的立场是"如果世界要实现净零目标，就不应该开发新的油气田"，而这一立场对加拿大这样的国家来说是一个严峻的政治挑战。此外，还有技术发展方面的紧迫性问题，包括电池技术、重工业排放、电网大规模扩建和碳捕获封存设施、蓝氢生产以及新型核能和可再生能源装置等。 到 2035 年，各级政府将不得不禁止为个人车辆和一半的重型卡车生产内燃机。 这个清单还远不止于此。 正如剑桥大学政治经济学家海伦·汤普森（Helen Thompson）所说，"从化石燃料转向更环保的能源……需要改变现代文明的物质基础，这绝非易事"。

国际能源署的报告具有重大价值，因为它清晰地展示了 2050 年净零排放承诺对经济、生活方式、就业、技术和公共政策等方面的实际影响。 加拿大蒙特利尔理工学院特罗狄埃能源研究所（Trottier Energy Institute）于 2021 年 10 月发布的《2021 年加拿大能源展望》（*Canadian Energy Outlook 2021*），也对各个行业进行了逐一分析，认真探讨了加拿大在实现其 2030 年和 2050 年减排目标方面将面临的严重困难。 此外，加

拿大皇家银行于同时段发布的另一份报告估计，为实现 2050
年净零排放目标，加拿大未来 30 年需要新增 2 万亿美元的投
资，即平均每年 600 亿美元。

可以毫不夸张地说，加拿大想要履行这些承诺，需要做到
像第二次世界大战期间那样勠力同心。

第六章

缔约过程与气候科学

在本章中，我们需要直面一个全世界都要面对的巨大鸿沟。 这个鸿沟的一边是气候科学家提出的必要的温室气体减排目标，另一边是数十年国际条约谈判和会议的结果。 在条约谈判开始的 30 年后，这一鸿沟仍在扩大。 本章将更系统地把国际条约谈判进程与"气候强迫"的概念联系起来，而后者是科学解释全球气候变暖的关键。 此外，我将"协议约束"（treaty forcing）定义为一种复杂的程序，其中规定了所有或部分排放温室气体的国家利用国际条约框架来决定减排的方式与时机。

如果对前面的讨论作个总结，"气候强迫"（又称"辐射强迫"）可以被定义为对地球能量平衡施加的一种扰动。 地球吸收太阳的能量——这些能量大部分在可见光的波长范围内，然后以长波红外（热）辐射的形式释放能量。 例如，太阳亮度的增加是一种正强迫，它会使地球变暖；而大型火山爆发则是一种负强迫，因为它增加了 16—20 千米高度的平流层低层的气溶胶（细颗粒物）浓度，这些气溶胶将太阳光反射回太空，从而减少抵达地球表面的太阳能。 以上都是自然强迫的例子。

人为气候强迫是由燃烧化石燃料所产生的气体和气溶胶，以及地球表面的各种土地利用变化所导致的，例如将森林转变为农业用地。那些吸收了红外辐射的气体，即温室气体，往往会阻碍这种热辐射逃逸到太空，最终导致地球表面变暖。对这些人为引起的气候强迫的观测，是人们当下对气候变化产生担忧的根源所在。

国际社会寻求达成环境相关的条约，是希望各国能够主动对他们那些会对全球环境产生明显影响的活动加以限制。迄今为止，主要行动包括1992年签订的《联合国气候变化框架公约》及其后续行动，即1997年签订的《京都议定书》及其修正案，以及2015年签订的《巴黎协定》。《联合国气候变化框架公约》第二条描述了全球气候行动的终极目标，该目标为"将大气中温室气体的浓度稳定在防止气候系统受到危险的人为干扰的水平上"。为实现这一目标，随后的行动机制已经从"自上而下"（《京都议定书》和《〈京都议定书〉多哈修正案》）转变为"自下而上"（《巴黎协定》）。前者为部分国家制定了具体的量化减排目标，而后者比前者涵盖的范围更广，所有国家都基于这一条约制定了自己的减排目标和替代措施。

我们必须知道，还有其他外部因子会导致气候强迫，而现行的应对气候变化的国际公约中并没有涉及这些因子。这些因子包括前面提到的土地利用和土地利用变化，还有黑碳。据估计，黑碳和甲烷正竞争成为仅次于二氧化碳的第二大气候强迫因子。黑碳和相对较少的棕色碳，不是气体，而是短寿命颗粒排放物。它们是由化石燃料和生物质（来自动植物的可再生有机物质）不完全燃烧所产生的，对人类健康和气候变化具有重大影响。 发达工业经济体已经采取了重要措施减少黑碳的排放，并致力于进一步减排。

　　由于新冠肺炎病毒大流行的影响，除了少数地区，2020 年世界温室气体排放量较上年同期大幅减少，这一情况很有可能会延续到 2023 年初。 也就是说，预计要等到发达经济体——另外，包括中国——有效控制新冠肺炎病毒感染一整年后，我们才能根据 2022 年的数据确定在全球温室气体排放量企稳的道路上是否取得了长足的进步。 然而，2021 年初，国际能源署在《全球能源回顾》（*Global Energy Review*）中发布了其对 2021 年和 2023 年温室气体排放量的预测。 受新冠肺炎病毒感染影响，虽然 2020 年全球二氧化碳排放量减少了 5.8%，但预计到 2021 年将增加 4.8%，从而在一年内恢复到早期减排量的 80%（IEA，2021a）。

　　2021 年 10 月，国际能源署发布了第一份"可持续复苏追踪"（Sustainability Recovery Tracker）报告（IEA，2021c），该报告旨在监测与能源有关的政府政策，以及公共和私人在清洁能源方面的支出，并预测这些政策和支出对未来二氧化碳排放量的影响。 报告指出："我们估计，若目前宣布的经济复苏措施全面及时实施，二氧化碳排放量在 2023 年将攀升至新高，且此后将继续上升。"

从京都到巴黎

　　在本节中，我们聊聊自 2015 年以来这段时期内气候强迫和协议约束的最新互动与进展。 正如我们所看到的，1990 年左右，世界各国开始齐心协力限制和减少人为因素造成的温室气体排放，这一努力通过 2015 年的《巴黎协定》持续到今天。 然而，在 1990—2018 年，人类排放的二氧化碳量增加了 67%，约占所有温室气体排放量的四分之三。 美国国家海洋和大气管理局（US National Oceanic and Atmospheric Administration，NOAA）的数据显示，二氧化碳排放量的增长速度正在加快，最近 10 年（2010—2019）的增长速度已经远高于之前 20 年。 彼得斯等人（Peters et al.，2019）概述："尽管公众和政策对温室气体排放的关注度提高，且经过了 5 次联合国政府间气候变化专门委员会评估报告和近 30 年的国际气候谈判，全球化石燃料的二氧化碳排放量仍在增长。"

全球温室气体排放主要包括三部分：（1）二氧化碳，化石燃料的燃烧是其主要来源；（2）非二氧化碳气体，如甲烷等气体；（3）由土地利用、土地利用变化和林业（LULUCF）所导致的温室气体排放，这是一个单独的类别。 温室气体排放量以百万吨（Mt）或十亿吨（Gt）为单位。 由于甲烷等其他气体在大气中具有不同的吸热能力，第二类和第三类温室气体排放量通常被转换为二氧化碳排放当量，简写为"CO_2eq"或"$MtCO_2e$/年"。（例如，在 100 年的时段内，每单位甲烷对于全球变暖的影响是二氧化碳的 25—30 倍。）

二氧化碳排放是全球温室气体排放最主要的来源，占比约 73%；其次是非二氧化碳气体，包括甲烷（18%）、一氧化二氮（6%）和含氟气体（3%）。本章引用的排放量数字不完全一致，这取决于它们描述的是所有来源的温室气体排放量还是只描述由化石燃料燃烧产生的温室气体排放量（E_{FF}）。最近一次对全球温室气体排放量的全面估算是2019年（Friedling-stein et al.，2020）：

> 据初步估计，2018—2019年，全球化石燃料二氧化碳排放量仅增长0.1%，且2019年保持在9.7±0.5十亿吨……2019年，化石燃料二氧化碳排放量最大来源分别是中国（28%）、美国（14%）、欧盟（27个成员国，8%）和印度（7%），这四个国家和地区的排放量占全球二氧化碳排放量的57%，而其他国家和地区占43%，其中包括航空和海运船用燃料（占总数的3.5%）。2018—2019年，这些国家和地区的化石燃料二氧化碳排放量的增长率分别为+2.2%（中国）、-2.6%（美国）、-4.5%（欧盟）和+1.0%（印度），其他国家和地区为+1.8%。

2017年初，当上一年度的温室气体排放数据被最终确定后，温室气体这一影响气候变化的强大推动因素好像终于达到了峰值，因为2016年已经是全球排放量连续保持基本不变的第三年。据此推断，我们可能已经实现了气候变化行动计划的基本目标，即保持温室气体排放基本稳定。但这一情况并没有维持多久。在此之后全球化石燃料二氧化碳排放量再次上升，2017年增长1.3%，2018年增长2.7%，2019年增长

0.1%。 之前有预测表示，2020 年温室气体排放量会继续增加。 尽管新冠肺炎病毒感染已经降低了这一预测，但上文引用的权威参考文献（IEA）及本章的后续内容表明，全球排放量确实预计从 2023 年开始继续增长，并且上升趋势会延续到 2030 年。

大部分二氧化碳在大气中会存留 20—200 年不等，但部分二氧化碳可留存数千年。 这就意味着，这种气体一经排放，即便在大气中的比例不断下降，也会在空气中留存很长时间。其他一些吸热能力更强的气体在大气中的寿命反而更短，比如一氧化二氮（平均寿命 120 年）和甲烷（平均寿命 12 年）。破坏臭氧层的化学物质对全球变暖的影响最严重，其中一些化学物质在大气中的寿命非常长。 随着气候系统逐渐进入一种新的平衡状态，累积的气体排放为气候强迫机制注入了更多的驱动力。

二氧化碳在大气中的寿命很长，这意味着不仅最近的排放，而且连过去一个世纪甚至更久之前的排放都很重要。尽管中国是目前最大的二氧化碳排放国，但全球累计二氧化碳排放量最高的国家分别是美国（25%）、欧盟 28 国（22%）、中国（13%）、俄罗斯（7%）、日本（4%）和印度（3%）。 因此，截至 2017 年，美国、欧盟和日本的累计二氧化碳排放量合计占全球总量的 51%。 感兴趣的读者可以了解一下汉娜·里奇（Hannah Ritchie）和麦克斯·罗泽（Max Roser）在 2020 年制作的"全球地区累计二氧化碳

排放量统计表"，这是一个可视化交互式数据图表，描述了
1751—2020 年历史二氧化碳排放量的年度份额估值。

气候强迫背景下的缔约过程

正如前文所提到的，《联合国气候变化框架公约》自 1994 年
生效起就致力于寻求各国愿意接受的温室气体减排目标。 在
《联合国气候变化框架公约》的框架下，1997 年在日本京都举
行了《联合国气候变化框架公约》第三次缔约方大会。

《京都议定书》于 2005 年初生效，明确制定了 2008—
2012 年各国目标——仅适用于发达国家和一些"经济转型国
家"——旨在让温室气体排放量相较于 1990 年平均降低
5.2%。《京都议定书》的实施细则已于 2001 年在摩洛哥马拉
喀什举行的《联合国气候变化框架公约》第七次缔约方大会上
通过，即《马拉喀什协定》。 然而，尽管《联合国气候变化框
架公约》仍继续在就"巴厘路线图"（Bali Action Plan）进行磋
商（COP13），但是改弦更张的大势已经确定。 关于缔约第一
阶段的概述参见表 6.1。

表6.1　早期全球温室气体排放目标

重要气候协议 文件（年份）	文件重要内容节选
1992 年 《联合国气候变化 框架公约》	"发达国家缔约方和附件 A 所列的其他缔约方"将采取"政策措施……旨在单独或联合将《蒙特利尔议定书》未涵盖的二氧化碳和其他温室气体的人为排放量恢复到 1990 年的水平"。

重要气候协议文件（年份）	文件重要内容节选
1997 年《京都议定书》，第一个承诺期（2008—2012 年），附件 A 所列国家	附件 A 所列国家包含工业化国家以及"经济转型国家"，包括欧共体在内的 39 个缔约方（其中 30 个在欧洲），集体平均目标是比 1990 年的水平降低 5.2%，各国目标百分比浮动范围是 −8%—+10%。
2007 年联合国政府间气候变化专门委员会的第四次评估报告，"减缓气候变化"，776	方案：温室气体浓度 450 ppm 的二氧化碳当量；附件 A 国家：（1）到 2020 年，较 1990 年基线水平下降 25%—40%；（2）到 2050 年，下降 80%—95%；附件 B 国家：到 2020 年和 2050 年实现"显著偏离基线"。
2009 年"哥本哈根协议"	缔约方承认"全球气温升高应低于 2 摄氏度的科学观点"，因此："附件 A 国家承诺单独或联合实施 2020 年量化的全经济范围绝对减排目标"；同时，"公约中非附件 A 国家将实施减缓行动"。该协议没有给出具体目标。
2012 年《〈京都议定书〉多哈修正案》	为 2020 年制定第二个承诺期（2013—2020 年）的新目标，主要针对欧洲国家，以 1990 年为基准，减排 20%—30%。

自 2008 年《京都议定书》第一个承诺期开始后，《联合国气候变化框架公约》第十五次缔约方大会上形成了"哥本哈根协议"，首次提出了一系列最终减排新目标。"气候系统受到危险的人为干扰"现在被定义为超过两个与全球气温有关的临界点：一是升温超过 2 摄氏度；二是理想状态下，升温较工业化前不超过 1.5 摄氏度。哥本哈根会议召开的一个因素是小

岛屿国家联盟（AOSIS）施加的压力，该联盟在 2008 年首次提出了全球升温上限应为 1.5 摄氏度的议题；因此，在某种程度上，避免升温 1.5 摄氏度可以说是对小岛屿国家联盟的一种善意姿态，但很少有人认为它能够实现。 2012 年 12 月 21 日，《〈京都议定书〉多哈修正案》在《联合国气候变化框架公约》第十八次缔约方大会上发布，确立了第二个承诺期，即各方承诺在 2013—2020 年的八年间，将温室气体排放量较 1990 年的水平至少降低 18%。 正如前面所提到的，《京都议定书》框架下的两个承诺期并没有实现既定目标。

联合国政府间气候变化专门委员会聚焦基于气温的减排目标，并使用了一个被称为"代表性浓度途径"（RCPs）的四维预测模型，预测的是未来气候变化可能发生的情景。 在第五次评估报告中，联合国政府间气候变化专门委员会着眼长远，最初的建议是到 21 世纪末必须实现人为净零排放的最终目标："如果 2100 年的二氧化碳排放当量浓度控制在约 450ppm 或更低，这样的排放设想就有望让 21 世纪全球较工业化前升温不超过 2 摄氏度。 这意味着到 2050 年，全球人为因素导致的温室气体排放量与 2010 年相比将减少 40%—70%，而 2100 年的温室气体排放量应趋于零或更低。"

因此，气候科学家们在 2014 年就得出结论，此前确立 2 摄氏度目标的依据已无效。 考虑到 2009 年后温室气体排放量稳步上升、人口增加以及其他因素，许多人认为，把全球平均气温控制在较工业化前水平升高 2 摄氏度之内的可能性很小。

"哥本哈根协议"首次将全球气温升高作为减排设想的核心后的五年间,人们便得出了上面那些结论,为努力将升温阈值纳入《联合国气候变化框架公约》下的新倡议奠定了基础,该新倡议致力于使新的减排目标与对应的温度预测相一致。

2015 年的《巴黎协定》

2015 年达成的《巴黎协定》旨在实现《联合国气候变化框架公约》制定的目标,通过"把全球平均气温升幅限制在较工业化前水平以上 2 摄氏度之内,并努力将气温升幅限制在工业化前水平以上 1.5 摄氏度之内,同时认识到这将大大减少气候变化的风险和影响"(第二条),增强全球应对气候变化所带来

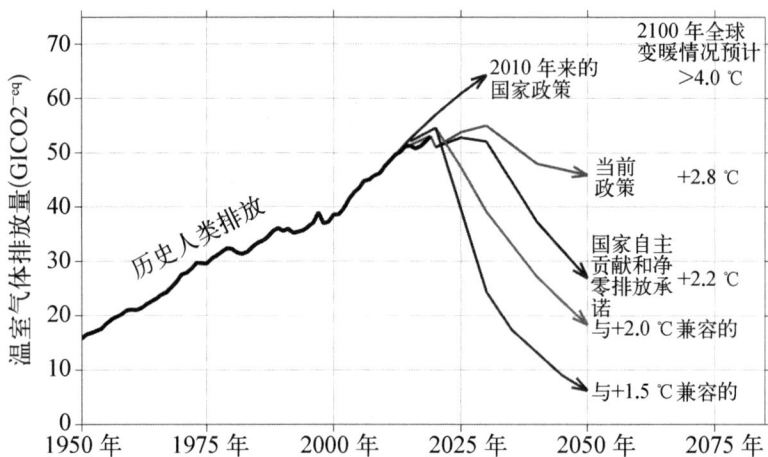

图 6.1　气候变暖设想 *

---

* 未来预测来自联合国《2021 年排放差距报告》。历史数据来自 PRIMAP-HIST 和 Global Carbon project。由伯克利地球编制。

的种种挑战的能力。 为了实现这些目标，《巴黎协定》（第四条）规定，缔约方"旨在尽快达到温室气体排放的全球峰值，同时认识到'碳达峰'对发展中国家缔约方来说需要更长的时间；此后利用现有的最佳科学方法迅速减排，在 21 世纪下半叶实现温室气体源的人为排放与汇的清除之间的平衡"。

《巴黎协定》的创新点之一，是在国际治理的基础上为解决气候变化问题提供了一个全新的框架，比如"认识到各级政府和各行为方参与的重要性"（开场白中强调的内容）。 第六条承认，某些缔约方可能"奖励和便利缔约方授权下的公私实体参与减缓温室气体排放"。《巴黎协定》要求各方作出一系列的自愿承诺，尽最大努力，即国家自主贡献目标；鼓励各方要努力随时提高国家自主贡献水平，向着"尽可能大的力度"奋进。 2016 年 10 月，《巴黎协定》达到生效门槛，并于同年 11 月 4 日开始正式生效。

正如我们所看到的，在 2005 年批准《京都议定书》之后的这段时间内，条约确定的减排目标与实际全球排放量之间的差距逐步扩大。《京都议定书》规定，"如果执行部门确定某一缔约方的排放量超过了其分配量，则必须宣布该缔约方未遵约，并要求该缔约方在第二个承诺期内弥补其排放量与分配量之间的差额，再加上 30% 的额外扣除额"。 因为第二个承诺期是在《〈京都议定书〉多哈修正案》中提出的，而该修正案本身并没有正式生效，因此对《京都议定书》规定的不遵约行为的制裁变得无关紧要了。《巴黎协定》采用自下而上的模式取代了《京都议定书》自上而下的模式，从而回避了这一问题。《巴黎协定》允许缔约方设定自己的目标，并决定是否能够实现这些目标，以及何时实现这些目标。

《巴黎协定》的核心是各缔约方提交国家自主贡献目标，即自愿、独立制定的温室气体减排目标。一些缔约方早在巴黎会议召开之前就提交了意向或初步目标（即国家自主贡献预案）。然而，尽管第二十一次缔约方大会通过了《巴黎协定》，《联合国气候变化框架公约》秘书处却在发布的一份《关于国家自主贡献预案总体影响的综合报告》(*A Synthesis Report on the Aggregate Effect of the Intended Nationally Determined Contributions*)中警告称，"实施国家自主贡献预案后，全球在2025—2030年预计年排放总量将达不到最低成本条件下升温不超过2摄氏度的要求……因此，在2030年之后的一段时间，要付出比国家自主贡献预案更多的努力，才能将升温幅度限制在较工业化前水平以上2摄氏度之内"。

与此同时，专家达成共识的文件，特别是联合国政府间气候变化专门委员会发布的文件，一直寻求在减排目标上作出更加准确的判断，以避免超过1.5摄氏度和2摄氏度的升温阈值。联合国政府间气候变化专门委员会2018年专题报告（SR-15）《全球变暖1.5摄氏度》(*Global Warming of 1.5℃*)指出："在不超过或者是少量超出1.5摄氏度的模型中，2030年全球人为二氧化碳净排放量要比2010年下降约45%，并在2050年左右达到净零排放。"这清楚地表明，在应对气候变化的政策中出现了两难的局面，即在第五次评估报告推出仅仅四年之后，各国就接受了在 2050 年而非 2100 年达到"接近净零排放"的指标需求。

表6.2　前十六大二氧化碳主要排放实体国家自主贡献目标

	国家和地区	2019 年二氧化碳排放量（亿吨）	2019 年变化率	人均排放量（吨）	初始国家自主贡献目标
1	中国	115.35（30.3%）	+3.4%	8.1	力争于 2030 年前实现碳达峰
2	美国	51.07（13.4%）	−2.6%	15.5	至 2025 年比 2005 年减少 26%—28%
3	欧盟27 国+英国	33.04（8.7%）	−3.8%	6.5	至 2030 年比 1990 年减少 40%
4	印度	25.97（6.8%）	+1.6%	1.9	没有作出碳达峰承诺
5	俄罗斯	17.93（4.7%）	−0.8%	12.5	未列入《联合国气候变化框架公约》
6	日本	11.54（3.0%）	−2.1%	9.1	至 2030 年比 2005 年减少 25%
	小计	254.90（67.0%）			
7	伊朗	7.02（1.8%）	+3.4%	8.5	未列入《联合国气候变化框架公约》
8	韩国	6.52（1.7%）	−3.2%	12.7	至 2030 年比基准情景减少 37%
9	印度尼西亚	6.26（1.6%）	+8.0%	2.3	至 2030 年比基准情景减少 29%—41%

续表

	国家和地区	2019 年二氧化碳排放量（亿吨）	2019 年变化率	人均排放量（吨）	初始国家自主贡献目标
10	沙特阿拉伯	6.15（1.6%）	+1.5%	18.0	未列入《联合国气候变化框架公约》
11	加拿大	5.85（1.5%）	−1.4%	15.7	至 2030 年比 2005 年减少 30%
12	南非	4.95（1.3%）	+1.5%	8.5	至 2025 年或 2030 年达 3.98 亿—6.14 亿吨 *
13	墨西哥	4.85（1.3%）	−1.6%	3.7	至 2030 年比 2005 年减少 50%
14	巴西	4.78（1.3%）	−1.3%	2.25	至 2030 年比 2005 年减少 43%
15	澳大利亚	4.33（1.1%）	+4.2%	17.3	至 2030 年比 2005 年减少 26%—28%
16	土耳其	4.16（1.1%）	−1.5%	5.0	未列入《联合国气候变化框架公约》
	小计	54.87（14.5%）			
	16 个排放主体合计	309.77（81.5%）			
	国际航空与船运	13.58（3.6%）	+3.0%		

---

* 原文为 3980 亿吨和 6140 亿吨，应为作者笔误。

续表

国家和地区	2019 年二氧化碳排放量（亿吨）	2019 年变化率	人均排放量（吨）	初始国家自主贡献目标
其他排放主体	56.82（14.9%）			
全球排放	380.17	+0.9%	4.9	

注：

（1）第 1—5 列数据及排名引自欧盟委员会联合研究中心全球大气研究排放数据库（EDGAR）2020 年报告中的表 1 及其他部分。这些数据只涵盖化石燃料排放。2020 年数据因新冠肺炎病毒感染而显得异常，故此处未采用。尽管 EDGAR 所列各国或地区数据仅代表化石燃料排放，此处仍可将其作为有效衡量指标，因为在所有的人为温室气体排放源中，使用化石燃料的排放源一般来说是最易受国家层面的监管和政策影响的。

（2）第 6 列是《联合国气候变化框架公约》所规定的在基准情景（BAU）下的国家自主贡献目标。

应对 1.5 摄氏度的升温限制

当然，彻底重设应对气候强迫的时间表对于基于条约生效的减排措施有着直接影响，因为这些措施必须在此基础上取得减排成果。要避免这种结果有多难？为了评估这种情况，必须仔细研究表 6.2 中的信息。

六大二氧化碳排放国家和地区年平均排放量已经超过 10 亿吨，其长期排放趋势线（1990—2019 年）如下：中国，+460%；印度，+433%；日本，+0.5%；美国，+1%；欧盟 27 国+英国，-25%；俄罗斯，-25%；全球，+67.7%（源于全球大气研究排放数据库 2020 年数据）。俄罗斯的数据在很大程

度上反映了 1991 年苏联解体带来的影响。 如表 6.3 所示，在
2018—2030 年，最可能的未来情况是，三个国家和地区（美
国、欧盟 27 国+英国和日本）的数据将出现下降，其他三个国
家（中国、印度和俄罗斯）将出现增长。 中国和印度的排放
量大幅增加，增加总量可能会大大超过其他国家的减少总量，
导致全球前六大排放国家和地区在 2030 年的二氧化碳排放量
出现大幅净增长。 然而，只有当我们把第二梯队的十大排放
国家和地区的预测排放量纳入考量时，2030 年之前十年的真
正问题才会显现出来。

表 6.3　2019 年全球温室气体排放明细

排放源	总量（亿吨）	占比（%）	人均（吨）
G20 国家（22）	403	77.0	8.3
其他排放国家和地区（10）	40	7.5	5.8
全球其他国家（187）	67	13.0	2.0
国际运输行业	14	2.5	
全球总计	524		

注：“其他排放国家和地区”指伊朗、埃及、哈萨克斯坦、泰国、越南、马
来西亚、尼日利亚、中国台湾、乌克兰、阿拉伯联合酋长国。中国作为最大
的排放国，排放量占全球总量的近 27%，但按人均计算，只相当于排放大国
美国的一半。

如果我们看一下另一个关键衡量指标，即所有温室气体的
排放情况，这些问题就更复杂了。 对于主要排放国的两种不
同衡量标准，奥利维尔和彼得斯在《全球二氧化碳和温室气体
排放总量趋势》（*Trends in Global CO$_2$ and Total Greenhouse Gas
Emissions*）一书中用表 A.1 和表 B.1 予以呈现。 （Olivier and

Peters,2020）在表 A.1 中，全球二氧化碳排放总量为 380 亿吨；在表 B.1 中，所有气体的二氧化碳当量是 524 亿吨。 奥利维尔和彼得斯随后还预测，2019 年温室气体排放总量会因土地利用、土地利用变化和林业而增加 50 亿吨，使年度温室气体排放总量达到 574 亿吨。 我们应该牢记前文提出的观点：从人类造成的全球变暖压力相关的整体影响的角度来看，二氧化碳只占主要因素的三分之二。 这就以另一种方式表明，目前全球纳入排放统计的国家之间存在极大的不平等。 表 6.3 中的数据来自《全球二氧化碳和温室气体排放总量趋势》一书中的表 B.1 和 B.5，后者给出了各国所有温室气体排放的数据。

表 6.2 和表 6.3 显示，2019 年，排在前十六大二氧化碳排放主体之后的、签署了《巴黎协定》的 151 个国家的化石燃料排放总量共计约 38 亿吨，仅占全球总排放量的 15% 左右。 与表 6.2 和表 6.3 不同，表 6.4 对前十六大国家和地区的二氧化碳排放量进行了预测，并将这种预测延伸至 2030 年，这也是《巴黎协定》实施的关键目标年份。

表 6.4　前十六大二氧化碳主要排放实体 2030 年温室气体排放预测

2030 年排名	国家和地区	2019 年二氧化碳排放量（亿吨）	2030 年预计温室气体排放量（亿吨）	上次国家自主贡献目标设定年份	《巴黎协定》初始国家自主贡献目标+最新承诺二氧化碳排放当量（亿吨）	预计变化（亿吨/%）
1	中国	140	160	2015	力争于 2030 年前实现碳达峰	+20

续表

2030 年排名	国家和地区	2019 年二氧化碳排放量（亿吨）	2030 年预计温室气体排放量（亿吨）	上次国家自主贡献目标设定年份	《巴黎协定》初始国家自主贡献目标+最新承诺二氧化碳排放当量（亿吨）	预计变化（亿吨/%）
2	美国	66	50	2021	比 1990 年（71）减少 52%：预计减少 27%	−16
3	印度	37	47	2015	减少排放浓度	+10
4	欧盟27 国+英国	43	35	2020	至少比 1990 年（57）减少 55%	−8
5	俄罗斯	25	25	2020	没有减少	0
6	印度尼西亚	11	20	2021	国家自主贡献目标在 16.84 亿—20.34 亿吨二氧化碳当量	+9
	小计	322	337			+15
	变化百分比					+4.6%
7	巴西	12	18	2020	预计增加 50%	+6
8	伊朗	9.5	14.25	无	未作减排承诺（预计增加 50%）	+4.75
9	日本	14	10	2020	比 2005 年（12.77）减少 25%	−4
10	沙特	7	10.5	2015	未作减排承诺（预计增加 50%）	+3.5
11	墨西哥	8	10	2021	预计增加 25%	+2

续表

2030 年排名	国家和地区	2019 年二氧化碳排放量（亿吨）	2030 年预计温室气体排放量（亿吨）	上次国家自主贡献目标设定年份	《巴黎协定》初始国家自主贡献目标+最新承诺二氧化碳排放当量（亿吨）	预计变化（亿吨/%）
12	土耳其	6	7.5	2015	未作减排承诺（预计增加25%）	+1.5
13	南非	6	7.5	2015	未作减排承诺（预计增加25%）	+1.5
14	澳大利亚	8	5	2020	比 2005 年减少26%—28%：预计减少 20%	−3
15	韩国	7	7	2020	比 2017 年减少24.4%	0
16	加拿大	8	7	2021	比 2005 年减少40%—45%：预计减少 25%	−1
	小计	85.5	96.75			+11.25
	变化百分比					+13%
	总计	407.5	433.25			+26.25
	变化百分比					+6.5%

数据来源：

（1）奥利维尔和彼得斯《全球二氧化碳和温室气体排放总量趋势》表 B.1。

（2）气候行动追踪组织截至 2021 年 9 月 15 日的 2030 年气候预测（New Climate Institute et al., 2021）。

表 6.4 说明，要靠集体的力量在 2030 年实现全球温室气体排放达峰，在很大程度上取决于中国和印度的情况，而其中印度又有诸多不确定性因素。 如前文所述，就累积排放量来说，截至 2017 年，印度仅占全球历史总排放量的 3%；就人均排放量而言，这些数字更能说明问题：印度在前十六大排放国家和地区中排放量是最低的，仅占最靠前国家排放量的一小部分。 因此，就其人口福利而言，依照它在《巴黎协定》框架下制定的国家自主贡献预案，印度有充分理由预测，它有望在 2015—2030 年实现国内生产总值的快速增长。 要提高国内生产总值，就需要更多的能源资源；就目前情况来看，印度只能依靠其丰富的煤炭资源。 在这种形势下，全球能源监测组织于 2021 年发布报告《繁荣与萧条：全球火力发电追踪》(*Boom and Bust：Tracking the Global Coal Plant Pipeline*)。 报告发现，仍有许多燃煤火电厂在不断建设中，尤其是在中国。 目前世界上仍有数百座煤矿处于建设中，另有数百座煤矿被提上建设日程。 2021 年 11 月，在格拉斯哥举行的第二十六次缔约方大会重点讨论了取消使用化石燃料（特别是煤炭）的问题，但维尼琴科等 (Vinichenko et al.，2021) 的分析表明，实现这些目标是极其困难的。 事实上，国际能源署发布的《2021 年煤炭报告》(*Coal 2021*) 预测，鉴于中国和印度对煤炭的极大需求，2021 年和 2022 年的煤炭使用量创历史新高。

再看表 6.4，第一类中只有两个国家和地区（美国，欧盟 27 国+英国）、第二类中只有三个发达国家（日本、加拿大、澳大利亚）的国家自主贡献目标显示其排放量在未来将大幅削减。 由于面临经济发展的压力，其余 11 个国家的温室气体排放量预计在未来会有较大幅度增长。 此外，气候行动追踪组织分析发现，阿根廷、哈萨克斯坦、阿联酋等紧随前十六大排放国家和地区之后的国家，其 2030 年的排放量也会有大幅提升。 对于目前排名靠后的国家而言，经济发展问题也会对其中大多数国家的能源使用和温室气体排放情况产生影响。 总而言之，在签署《巴黎协定》的共 194 个政治实体中，只有 5 个国家和地区能保证在 2019—2030 年实现减排。 就上述其他相对而言可以被称为"主要排放实体"的 24 个国家和地区而言，包括到 2030 年的 2 个最大排放国（中国和印度），其二氧化碳和温室气体排放量可能会在同时期呈现上升趋势。

根据国际能源署最近发布的报告，全球几乎不可能在 2030 年实现温室气体排放达峰。 此外，《联合国气候变化框架公约》秘书处在最新发布的信息中也对此进行了预测，即 2021 年 9 月 17 日发布的一份报告《〈巴黎协定〉框架下的国家自主贡献：秘书处综合报告》(Nationally-Determined Contributions under the Paris Agreement：Synthesis Report by the Secretariat)（该报告以图表的形式阐述了其主要观点）。 报告中涵盖了"113 个缔约方所提交的 86 个新的或更新的国家自主贡献信息。 其中涉及 59% 的《巴黎协定》缔约方，涉及全球约 49% 的温室气体排放量"。 通过这些更新的国家自主贡献预案可知，2030 年全球温室气体排放量预计为 551（517—584）亿吨二氧化碳当量，"相较于 1990 年、2010 年以及 2019 年分别上升了59.3%、16.3%和5.0%"。 这与我在表6.4中所预计的前六大主要排放实体相吻合，鉴于这六大主要排放实体的温室气体排放量约占全球的三分之二，也可以用来衡量全球的排放量。

避免升温 1.5 摄氏度和 2 摄氏度

实现温控目标需关注几个核心因素。 1750—2011 年排放的温室气体中，有整整一半是在最后 40 年内排放的，这突出表明最近这个时代才是当前世界气候变化问题的主要根源。然而，如前所述，导致气候变化的不是最近的温室气体排放，而是一个多世纪以来累积的后果。 应对气候变化的行动至少涉及三个基本公平问题，这引发了其中的第一个问题，因为它再次突显了区分历史累积排放量和当前排放量的重要性。 在国际谈判中，1990 年经常被当作减排目标的基准年份，各国在这一年的历史排放占比如下：美国（31%）、欧盟 28 国（30%）、日本（7%），总计68%（参见"全球区域二氧化碳累计排放量统计表"，Ritchie and Roser，2020；另见 Popovich and Plumer，2021）。 当时，中国的份额是 5.36%，印度只占 1.52%。

因此，针对历史排放量的相对权重而专门采取纠正措施的重担，似乎将直接落在以下三个国家和地区上——美国、欧盟28 国（英国脱欧后则是欧盟 27 国+英国）和日本，它们在国家自主贡献预案中如预期的那样作出了重大的减排承诺。 然而，我们却很难进一步对这三个国家和地区的国家自主贡献作出重大调整以解决公平问题。（请参见参考文献中 Hof 等人2017 年关于追加国家自主贡献减排成本的文章。）当然，《巴黎协定》中没有强制规定，因此任何附加承诺都必须出于自愿。

与第二个公平问题相关的是，在现代化的早期阶段，所有国家经济的能源强度和温室气体排放量相对于国内生产总值来说都较高，而在发展后期能源效率更高时，这些指标会降低。这就是为什么在《巴黎协定》中，一些发展中国家就将此类进展纳入其最初的国家自主贡献中。 从历史公平的角度来看，应当承认这是它们对减缓气候变化作出的切实贡献。 这也是为什么在推进《联合国气候变化框架公约》的各个阶段都规定了发达国家要为发展中国家提供援助（包括清洁发展机制、联合履行机制、技术转让、资金流动和能力建设）。 但这种不可避免的经济劣势只能慢慢克服，而且成本高昂；因此，就此层面而言，难以取得显著的减排成效。

第三个公平问题涉及目前的排放量。《联合国气候变化框架公约》框架下各种协议一直以来明确予以承认的，是世界各地人均温室气体排放量存在显著差异。 如表 6.2 所示，2019年前六大主要排放实体的人均排放量最低是 1.9 吨（印度），最高达 15.5 吨（美国）。 从历史排放量来看，1990 年这个基准年的人均二氧化碳排放量为：美国，20.14 吨；俄罗斯，16.12 吨；欧盟 28 国，9.34 吨；日本，9.23 吨；中国，2.06

吨；印度，0.70 吨。 公平问题在非洲大陆尤为突出，这里是世界上排放量最低的地区之一（南非除外），也是世界上最贫穷的地区之一，同时受全球变暖的负面影响最大。 针对以人均温室气体排放量的巨大差异为代表的一系列累积不平等现象，目前没有清晰或简单的解决方案，而这些不平等现象却与应对气候变化息息相关。

这三个公平问题都很难解决。 展望 2030 年，各缔约方的国家自主贡献将陷入困境，一方面是出于公平问题而进行再分配的压力，另一方面是因为发达国家没有充足的资源去应对这些压力。

这里还有另一个相关问题，即全球温室气体排放估算标准的准确性问题。 有人提出了一个强有力的观点，认为温室气体排放方面存在严重的漏报现象。 事实上，全球温室气体排放量中，二氧化碳当量可能被低估了 80 亿—130 亿吨，也就是应比现在的估算值高 23%（Mooney et al.，2021）。 人们通常认为大多数漏报情况发生在发展中国家是不足为奇的。 如果未来这一说法在很大程度上得到进一步证实，它将成为减排行动中的又一个复杂因素。

这意味着，我们必须对于未来中国、印度和其他发展中国家温室气体排放的增量有心理预期，而且这种情况短期内无法改变，其增量很可能大大超过发达国家的所有减排量，并导致到 2030 年全球净排放量仍在上升。 联合国的 2030 年减排目标，即 2030 年排放量相较于 2018 年减少 50%，可谓是无稽之谈。

鉴于缔约方提交的和目前已经实施的国家自主贡献预案，到 2030 年全球升温突破 1.5 摄氏度的阈值是无法避免的，可能还会超过很多。此外，在未来几十年内，升温超过 2 摄氏度似成定局，至少大概率会发生。气候科学家已经指明，欧盟、美国和中国的国家自主贡献预案只达到了把升温控制在 3 摄氏度以内的要求。升温超过 1.5 摄氏度可能会导致世界在2050 年之前就进入升温 2 摄氏度的轨道。全球升温超过工业化前水平 2 摄氏度会有多严重？全球升温 2 摄氏度是否意味着人类势必走向灾难性的未来？在此有必要重复一下先前引用的一句话，它来自一篇科学论文（Steffen et al.，2018）：

> 我们讨论了自我强化的反馈可能将地球系统推向地球阈值的风险，如果越过这个阈值，可能会破坏在中等温度上升时的气候稳定，导致全球气温沿着"温室地球"路径持续变暖，即使人类减排也无济于事。超过这个阈值将导致全球平均温度比过去 120 万年的任何间冰期都要高出许多，海平面也将显著高于全新世的任何时期。

根据这些科学家的说法，超过 2 摄氏度阈值可能会引发他们所说的"临界点级联效应"，这是一种生物地球物理正反馈回路（永久冻土融化、海冰消融、海洋中冰冻甲烷的释放等），它加剧了已经出现的升温趋势。在温度上升 2 摄氏度之后，可能的灾难性影响包括海平面上升多达 6 米，粮食产量严重减少，以及北半球和热带森林大面积的枯死。但更严重的可能性是，一旦温度达到 2 摄氏度的增幅，气候系统可能会陷入"温室地球"路径，导致温度进一步上升，这种趋势很可能是不可逆转的，其影响将在此后持续数千年。

未来之路

1997 年，只有欧洲的一大批国家与日本、美国和加拿大就《京都议定书》第一个承诺期内的具体减排目标作出了承诺。但美国从未批准该议定书，加拿大则先同意后退出，基本上只剩下欧洲和日本，其排放量加起来还不到全球总排放量的 15%。对于《京都议定书》的第二个承诺期（2013—2020 年），只有欧盟和冰岛（占全球排放量不到 10%）作出了具体的减排承诺，即相较于 1990 年的排放量减少 20%。从 1989 年至今举行的大约 70 次国际会议中，除了欧盟 28 国、日本和冰岛，世界上没有任何其他国家（共占全球排放量的 85%）作出并遵守减少特定排放量的承诺。

到目前为止，整个《联合国气候变化框架公约》进程已经过去了 30 年（1992—2022 年）。另一个可能更相关的时间段是 1990—2015 年，也就是《巴黎协定》诞生的 25 年间。因为在巴黎会议上，各方实际上放弃了具有约束力的国家减排目标，而这一直是早期《京都议定书》的重点。杰克逊等人（Jackson et al.，2018）总结如下："在签署《联合国气候变化框架公约》的 25 年之后，我们仍远未达成其签署目标，即

'将大气中温室气体的浓度稳定在防止气候系统受到危险的人为干扰的水平上'。"

如上所述，气候科学家一致认为，截至 2022 年，可以比较肯定地得出以下三条结论：

（1）如果不采取更果断、及时的行动，全球升温超过 2 摄氏度可能将无法避免。

（2）一旦超过 2 摄氏度的阈值，气温将不可逆转地进一步上升，之后无论采取何种减排措施也无济于事的风险极大。

（3）升温 2 摄氏度及以上可能会导致灾难性后果。

而现在，我们几乎无法将升温控制在 2 摄氏度以内，甚至还会升得更高，这犹如一把达摩克利斯之剑，悬在所有局中人的头上。当一切已成定局，不管是京都会议针对部分国家自上而下的做法，还是巴黎会议自下而上的全覆盖做法，最终都完全有可能失败。

《巴黎协定》的第一次全面盘点，即评估各国在落实国家自主贡献预案方面取得的进展，定于 2023 年进行，第二次盘点定于 2028 年进行。在 2028 年之前可能无法对以下两点作出现实的评估：第一，缔约方（尤其是排放大国）是否正在履行其国家自主贡献承诺；第二，这些贡献加在一起能否达到避免升温超过 2 摄氏度的阈值所需的减排水平。从迄今为止的记录来看，情况并不乐观。

除了印度的形势，2023 年和 2028 年的盘点还有一个方面最受关注，那就是中国的情况。中国在国家自主贡献预案中承诺"力争于2030年前实现碳达峰"。 这意味着目前占全球总排放量30%的中国的排放量将会继续上升，至少持续到2030年；而且，由于许多其他国家在整个21世纪20年代都在减少排放，中国在总排放量中的占比将会增加。 除非中国方面在2023年前作出根本性调整，否则在第一次盘点时，成功实现《巴黎协定》国家自主贡献目标的整体前景将十分黯淡。

虽然美国在短暂退出后于2021年初重新加入该协定，但美国仍然拒绝对气候变化目标作出具有法律约束力的承诺（与欧盟不同，美国自1995年以来一贯如此）。 美国并没有起到应有的劝导作用，而且，值得关注的是，美国仍是世界第二大排放国（仅次于中国）。 讽刺的是，凭借其在经济方面脱煤和降低能源强度的重大成果，美国完全有能力在2025年之前实现其预设的第一个国家自主贡献目标，即相较于2005年降低26%—28%。 但美国在气候变化问题上仍存在因政治因素导致的高度不稳定性，可能在2024年再次退出《巴黎协定》。 在这种情况下，整个国际协议的存续都将无从谈起。

如果2023年的盘点结果发现各国在履行国家自主贡献承诺方面整体上没有取得大幅进展，如果中国到时没有从根本上改变其承诺的性质，五年后的2028年，各国将再次走到十字路口。 届时，各方将直面两种情形：要么修改《巴黎协定》，而且几乎可以肯定是通过强化承诺的方式（尤其是中国的承诺），要么是无事发生，继续维持现状。 从迄今为止的讨论中可以得出的结论是：在气候变化条约的实施中，除非各国作出一些新的承诺来加大减排力度，否则既定的基于气候强迫科学的温室气体排放控制目标将不会实现。

总而言之，1988—2022 年的 30 多年间，协议约束和气候强迫的发展根本不匹配。对于人类来说，可怕的窘境是，只能通过现有的国际条约法律机制寻求解决方案，除此之外别无他法。但是，如果在 21 世纪中叶之前没有出现排放峰值，情况将非常严峻。2017 年美国发布的《气候科学特别报告》指出："如果不大幅减少这些温室气体的排放，到 21 世纪末，全球年平均气温相对于工业化前时期的上升幅度可能达到 5 摄氏度或更高。"

尽管与气候变化条约相关的时间线对一些潜在的灾难性影响假设起到了推动作用，但全世界可能永远不会就整体解决方案达成协议，也不会让所有主要排放国家和地区制定一系列具有约束力、有效、可核查且可执行的减排目标。

条约相关的时间线问题

简单回顾 20 世纪下半叶重要条约的谈判历史，可以发现两个不同但同等重要的问题：第一，实现理想目标所需的时间；第二，需要判断理想目标是否可以实现。在三个重要领域（化学武器、生物武器和核武器），条约谈判从来没能完全解决最严重的那些问题。这是因为：（1）对于化学武器，严重违规者没有受到惩罚；（2）对于生物武器，没有任何核查手段，极其恶劣的违规行为没有受到惩罚；（3）对于核武器，此类装备库在世界各地有很多，两个超级核大国还在继续升级其核武器的危险性和破坏力。

气候变化带来了巨大的挑战，被称为"抗解问题"（wicked problem），也就是说，目前还没有简单或明确的解决方案。原因部分在于一直以来的延迟——长达一个世纪的延迟，这是问题最核心的本质。在对抗气候变化的斗争中，导致延迟的因素包括温室气体在大气中长时间停留；大气中二氧化碳浓度的增加与二氧化碳排放之间存在滞后性；自 1750 年起，允许范围内的碳预算缓慢但持续不断地被消耗；将最明显的不利影响推迟到很远的将来，而那时再也无法避免；最重要的是，潜在的复合事件或临界点风险仍然笼罩着世界，一旦正反馈循环开始，气候强迫的失控将升级。（关于最后一点，请参见 2017 年美国发布的《气候科学特别报告》第 15 章中的"潜在意外"。）

自 1997 年《京都议定书》谈判的准备阶段以来，发达国家就一直知道，无论第一轮减排目标是什么，都只是为进一步减排作铺垫，其他国家也肯定知道，在某个时候，它们将被要求作出自己的减排承诺。在某种程度上，这种认知会使它们有意让这件不可避免的事推迟发生。

自 1997 年《京都议定书》首次提出此类目标以来，减排计划的实施长期被推迟，这极大地纵容了那些固执且不愿承认气候问题亟待解决的人。这种做法滋生了质疑科学共识的怀疑论，也产生了荒唐的指控，控诉这些科学家做研究只为获取资金；他们将科学家所有的警告都斥为假新闻，认为气候变化并非由人为因素造成；他们纠缠于各种不确定因素，而这些不确定因素必然伴随着所有风险评估；他们担心减缓气候变化的经济成本会超过预期收益，认为只要等待足够长的时间，一些简单的技术解决方案就会自动出现；他们认为，我们的子孙会找到我们一直未能找到的解决方案；他们坚信，问题是其他人造成的，因此其他人应该承担解决问题的最大责任；他们自以为是地指出，在早先的时代，大气中的碳比现在多得多；他们陷入阴谋论，认为无论发生什么都是命中注定。各种无稽的想法千奇百怪。

要想与之抗衡，只有依靠成千上万有资质的科学家的庞大复杂的研究成果，如 19 世纪的先驱约瑟夫·傅里叶、约翰·丁达尔和斯万特·阿伦尼乌斯的成果。他们坦承，无法断言人为温室气体排放量的增加是目前气候强迫的主要外部驱动因素，也无法断言这种气候强迫最终将对目前的人类定居模式造成非常严重的影响。相反，他们只能说，温室气体的排放过程"极有可能是自 20 世纪中叶以来观测到的变暖的主要原因"。联合国政府间气候变化专门委员会的第五次评估报告指出：

> 持续排放温室气体将导致进一步变暖，气候系统所有组成部分都会产生长久的变化，对人类和生态系统产生严重、普遍和不可逆转的影响的可能性会随之增加。限制气

候变化需要大幅且持续地减少温室气体排放,结合对气候
变化的适应措施,就能够减少气候变化的风险……即便人
为温室气体排放停止了,气候变化的许多方面及其相关影
响也将持续几个世纪。随着气候变暖幅度的增长,突发性
或者不可逆的风险也会增加。

事实上,现在联合国政府间气候变化专门委员会报告中的大多
数关键结论都是基于基础分析模型、支持数据和多年共识判断
得出的,具有较高或非常高的置信度。 读者可以在 2017 年美
国发布的《气候科学特别报告》的图 2 中找到一条有用的信
息——学界所谓的"置信水平",包含了气候科学的结论和预
测未来的各种概率的赋值。

但是,在未来 20 年左右,气候科学家的判断在世界舆论
"法庭"上最终赢得胜利的可能性将有多大呢? 大多数公民
要求政府制定一个可核查、可执行的国际条约,且该条约足以
在 2050 年前将全球所有主要经济体的温室气体排放量降至
零,这样的可能性有多大? 如果能够自信地说,我们知道这
些问题的答案,那就太好了。

第七章

管理全球变暖的风险

在 1988 年多伦多举行的国际气候变化会议上，气候科学家达成了广泛共识。 距离雷维尔和休斯在 1957 年发表第一篇关于后来被称为"气候强迫"的重要论文，已经过去了约 30 年的时间。 这次会议又直接促成了四年后（即 1992 年）《联合国气候变化框架公约》的签署。 该条约于 1994 年 3 月生效，最终有 197 个签署国，涵盖联合国所有成员国。 旨在执行该条约的后续国际会议持续了约 25 年，其中第一次缔约方大会于 1995 年初在柏林召开，第二十六次缔约方大会于 2021 年 11 月在格拉斯哥召开。

缔约方大会承诺最终将找到应对全球气候变化风险的有效方案。 在过去的几十年中，关于气候强迫的广泛科学共识的知识基础越来越扎实。 与此同时，《巴黎协定》中针对气候变化风险的解决方案已经无法跟上科学文献新发现的步伐，这些文献指出，为了避免人为干扰给气候系统带来更多的危险，全球减排的步伐需要加快。

《巴黎协定》框架下的"塔拉诺阿对话"中明确承认了协定内容与科学研究之间的脱节。"塔拉诺阿对话"是对协定进展的中期评估："提交给 2018 年'塔拉诺阿对话'的报告表明，现有的国家自主贡献还远远不够，离实现《巴黎协定》的长期目标还有很大差距。"第二十三次缔约方大会和第二十四次缔约方大会主席的联合声明《塔拉诺阿行动呼吁》（*Talanoa Call for Action*）中给出了针对这一不足的解决方案：

> 科学数据显示，全球排放量将会持续上升。这意味着将全球升温控制在比工业化前仅高 2 摄氏度以内所付出的努力，和将升温控制在 1.5 摄氏度以内所付出的努力，两者之间差距显著。联合国政府间气候变化专门委员会关于 1.5 摄氏度的特别报告强调了将升温保持在 1.5 摄氏度以内的好处。报告还得出结论，如要将全球变暖增幅控制在 1.5 摄氏度以内，则到 2030 年全球排放量需减半。

但 2018 年联合国政府间气候变化专门委员会特别报告表明，按照现有的国家自主贡献，到 2030 年将无法接近将当前排放水平减半的目标。然而，讽刺的是，早在 30 年前，于 1988 年召开的多伦多会议就首次提出了在当时的排放水平上减少 50% 的必要性。

在现代，人类面临着某些类型的灾难性风险，例如第二次世界大战，以及后来核战争造成的大规模破坏和放射性污染。但正如我在前几章中所指出的，世界还未真正面临气候变化的风险，至少有两个原因。首先，气候变化可能会产生一些真正可怕的影响，但是因为这种变化是非常缓慢地"加载"到气候系统中的，因此影响会被推迟到遥远的未来，而当下造成的尚不明显的影响似乎并不与未来具有直接相关性。此外，只能以概率估计的形式预测影响的大小，因此有可能让人误以为它们永远不会发生。

其次，未来可能产生的影响是这样的：考虑到有足够多的人为温室气体排放，世界可能会不知不觉地跨过一个无形的门槛，越过这个门槛，任何后续的缓解性努力都无法阻止这些灾难性后果的发生。气候强迫的科学原理无情地压缩了世界各国对气候变化采取有效行动的时限：如前所述，在短短几年内，世界实现净零排放的最后期限就从 2100 年提前到 2050 年。这导致两个重要时间节点的间隔逐步消失，一个是各国就温室气体减排达成有效协议的时间节点，另一个是避免对气候系统造成危险干扰的机会之窗关闭的时间节点。

近期发表的一些气候科学期刊文章以最严厉的措辞介绍了这一时间间隔消失的后果。刘易斯等人（Lewis et al.，2019）指出，"没有一个主要排放国（根据《巴黎协定》）作出了将升温限制在 2 摄氏度的承诺"，目前的气候承诺"估计会导致全球变暖的中值范围比工业化前水平高 2.6—3.1 摄氏度"。蒋雪梅等（2018）指出："与《巴黎协定》'低于 2 摄氏度'目标一致的减缓途径要求每 10 年将二氧化碳总排放量减半，从 2020 年约 400 亿吨的二氧化碳排放量减少到 2050 年的约 50 亿吨。"这实际上等同于这样一个命题，即如果不大幅强化减排承诺，2015 年《巴黎协定》提出的目标几乎或根本不可能实现。可以被用于纠正这种情况的时间非常紧张。鉴于过去 30 年中所有国际谈判的情况，这种缓解路径目前看起来似乎完全不现实，但这确实是世界目前走出在气候变化方面面临的持续困境的最佳选择。

面临的主要困境可以简单地用一个事实来总结：截至 2019 年，签署《巴黎协定》的 151 个国家约占全球 76 亿人口的 46%，但温室气体排放只占全球的 15% 左右。 在这 151 个国家中，许多国家仍然处于不发达和贫穷状态，毫无疑问，它们未来需要发展经济和使用能源。 更重要的是，六大主要排放实体之一的印度也面临这种情况。 此外，中国未来的排放量预计还会增加。 如何才能走出这种困境？

针对这种困境，一些研究者建议世界应该放弃构建一个有效的国际条约的企图。 辛纳蒙·卡拉恩（Cinnamon Carlarne）于 2014 年发表的一篇期刊文章讨论了以下论点："简单地说，问题在于现有的全球范式是有缺陷的，它将协调应对气候变化置于国际环境法的范围之内。 本文对这一范式提出了挑战，并认为气候变化是一个如此庞大且复杂的问题，无法通过国际环境条约的有限渠道解决。"麦克沃伊和谢里（McEvoy and Cherry，2016）的一篇文章支持了此观点：

> 如果各方将气候变化视为一个导致"搭便车"的集体行动问题，那么合作动机的缺乏和执行机制的薄弱必然将导致前景堪忧。但是，如果各方愿意单方面采取行动，那么有前景的气候协议架构可能不需要用来预防"搭便车"的机制。相互制约的必要性可能被夸大了，且由于不考虑非

金钱动机,个人行动的好处可能被低估了。

然而,"搭便车问题"真的能如此轻易地被忽视吗? 在什么样的现实情况下,我们能够想象卡拉恩在其他地方所说的"在次全球层面上更果断的减排努力",并能够充分应对以到 2050 年实现全球净零排放为主的巨大挑战?

正如下文进一步讨论的那样,正确的做法是围绕《巴黎协定》的支持框架制定新的多方利益相关者倡议。 国际清算银行(BIS)是一个重要的国际机构,它在讨论"绿天鹅风险"时强化了这一主题。"绿天鹅风险"是指与气候相关的风险,其定义为"可能导致下一次系统性金融危机的潜在极端金融破坏性事件"。 国际清算银行指出:"这一复杂的集体行动问题需要协调包括政府、私营部门、民间社会和国际社会在内的许多参与者之间的行动。"对于私营部门的参与者来说,一个主要的未知因素与 2050 年净零排放目标的承诺有关,该目标可能由大的企业和投资管理公司提出(并实现)。 2021 年初,世界上最大的此类公司贝莱德公司向其持股的公司提出建议:"我们希望各公司阐明它们如何向全球变暖控制在 2 摄氏度之内的目标看齐,并实现 2050 年温室气体净零排放的全球愿望。"与各国政府的愿望一样,这些期望是对未来行动的承诺,可能会实现,也可能无法实现。

在本章后续部分,我将讨论包括加拿大在内的所有国家在 2050 年之前应对气候变化的主要备选方案。 要讨论的主题包括:（1）深度脱碳战略;（2）气候工程;（3）广义上的碳管理（碳定价、碳市场、碳封存和碳利用）范畴下的温室气体减排技术和政策选择。

深度脱碳战略

简单来说,"脱碳"就是指在国民经济中逐步减少化石燃料能源的使用比例。更确切地说,这一概念是指经济体的排放强度或碳强度的下降,这个强度指的是二氧化碳排放量与国内生产总值的比率。深度脱碳意味着消除所有此类排放源,这一目标与到 2050 年实现净零排放的目标一致。总部位于巴黎的"深度脱碳路径"项目组是一个大型国家间联盟,致力于探索如何实现这一目标。他们所总结的三条最重要的路径是:提高效率和节能;燃料和电力脱碳;转向低碳（最终零碳）能源。

提高效率意味着通过在包括建筑设计、城市规划、货运和客运以及建筑材料在内的多个部门进行技术改进来降低排放强度;节能需要延长产品的使用寿命,并大力加强产品的重复使用和回收。燃料和电力部门的变化包括转向可再生能源、核能,以及与碳捕获和储存相结合的化石燃料能源。零碳能源包括脱碳电力、生物燃料、氢气和合成天然气。

随着时间的推移,在工业经济发展中,排放强度的降低是提高生产效率、减少浪费、降低能源价格等因素综合作用的结构性结果。化石燃料是生产过程的主要驱动因素,它对单位国内生产总值的贡献必须随着时间的推移稳步下降。 然而，在过去 250 年里，它是启动工业化进程所需的各种能源中最便宜和最广泛可获得的能源；很久以前，发达工业经济体就是这样，今天的发展中国家也是如此。 值得一提的是，目前为止，世界上所有的排放增长都集中在后者。 蒋雪梅等（2018）评论道："最大的减缓挑战存在于发展中国家。 实现《巴黎协定》目标的真正进展需要主要国家作出有效承诺，对低碳、零碳甚至负碳排放能源技术进行突破性研究和开发，以便在发展中国家大规模应用。"但即使这种突破性研究获得成功，那些最需要发展经济的较贫穷国家（包括迄今为止人口规模最大的国家印度，也包括印度尼西亚和尼日利亚等其他国家），如何能够突破资本限制并支付这种研究的费用呢？

为了解决这一困境，迫切需要有针对性的战略。 由于供我们阻止可能发生的灾难性影响的时间越来越少，目前正在进行成熟的脱碳进程的发达国家必须尽快向其他国家免费提供大量非化石燃料能源技术。 另外，其他可减少单位国内生产总值排放/碳强度的能效技术也应该被考虑投入使用。 发达国家提供这种援助还有另外的好处——至少部分抵消了累积排放所代表的历史不平等。 发达国家的累积排放数额仍然占据着总排放额的主要部分。

全世界都需要持续关注并合理地预测未来 20 年内一大批新兴和发展中经济体的排放量会发生怎样的变化。 国际能源署预测，在未来 20 年里，这一国家群体将占全球温室气体排放增长的大部分，可能达到每年 50 亿吨的新排放量。 我认为，只有在一种现实情境下，全球才能实现进一步减排，以避免气候系统受到危险的人为干扰，那就是：利用数十年来发达国家的巨额补贴帮助仍处于发展中的经济体广泛实施脱碳战略。

有一种目标明确的方法可以被纳入考虑，即：基于 18 个发达国家于 2015 年 9 月在《巴黎协定》谈判背景下所作的承诺，向欠发达经济体提供大量资金，以避免这些经济体的排放量上升。 2015 年在巴黎，由澳大利亚、比利时、加拿大、丹麦、芬兰、法国、德国、意大利、日本、卢森堡、荷兰、新西兰、挪威、波兰、瑞典、瑞士、英国和美国等 18 个国家以及欧盟委员会组成的联盟声明："到 2020 年，每年从各种来源，包括公共和私人、双边和多边，以及其他资金来源，共同筹集 1000 亿美元，在有意义的减排行动和执行透明的背景下，满足发展中国家的需求。"（1000 亿美元的援助承诺最初是在 2010 年作出的。 国家的全面分类和分析，可参见 WRI，2021a。）布鲁金斯学会于 2021 年 9 月发布了凯文·雷纳特等人（Kevin Rennert et al.）关于"碳的社会成本"的重要文件，这是最新的相关文件，有力论证了除非较贫穷国家努力得到较富裕国家的充分支持，否则全球气候变化目标根本无法实现。

然而，正如乐施会 2020 年的一份报告所显示的那样，迄今为止，向发展中国家提供的资金实际上要少得多。《自然》杂志在 2021 年初的一篇社论中指出，联合国秘书长安东尼奥·古特雷斯（Antonio Guterres）公开抱怨发达国家未能兑现到 2020 年每年向较贫穷国家提供 1000 亿美元气候资金的承诺（UN，2020）。事实上，这些消息揭露了一个极为尴尬的事实，即在它们的气候融资报告中，一些发达国家正在将贷款（高达融资总额的 80%）计入承诺金额！（此外，特朗普政府撤回了对承诺的支持，尽管人们预计拜登政府可能会恢复该承诺。）2021 年 10 月底，加拿大和德国表示，希望 2010 年首次作出的承诺能够在 2023 年前实现（UN，2021）。《联合国气候变化框架公约》气候融资计划下的援助机制是否能够充分解决发展中国家的脱碳问题，仍有待观察。然而，我们应该问，如果 18 国集团很快就要认真履行其承诺，它又将如何发挥作用呢？

全球碳减排债券

全球迫切需要一项脱碳战略，而最需要这项战略的是发展中国家，但是这些国家由于缺乏资金来实施这项战略而受到限制。为了解决这个问题，我建议发达国家履行承诺，向发展中国家提供 1000 亿美元的年度援助，到 2023 年发行 2.5 万亿美元的"全球碳减排债券"，用来为脱碳战略提供适当的技术预置资金。将承诺的援助资金完全用于一个目标，即为发展中国家广泛的脱碳计划中的重大技术收购和其他手段提供资金，能够防止援助被浪费在各种各样单独管理的小项目中。

自 1992 年生效以来，在这方面提供援助的义务一直是

《联合国气候变化框架公约》下所有程序的一个常规特征。
但这一新承诺的要旨和实质都强化了《巴黎协定》的基本战
略——多中心性,即吸引国家政府以外的一系列行为体来参
与。 任何新的提案,例如下文所述的提案,都应利用这一战
略,并考虑需要多少资金、可能在哪些领域扩大参与等问题。

根据汉娜·里奇的说法,主要的碳减排机会类别有:能源
效率、低碳能源供应、陆地碳(农业和林业)、技术措施和行
为改变。 她认为,如果把所有这些因素都考虑在内,全球温
室气体排放量可减少 380 亿吨,而如果一切照旧,到 2030
年,全球温室气体排放量将达到 700 亿吨。 里奇引用了一个
估计值,即每年利用所有潜在碳减排机会的全球总成本到 2030
年将达到 2000 亿—3500 亿欧元,她强调这个数字"不到 2030
年全球预计国民生产总值的 1%"。 她补充说,对这种利用所
需技术进行必要投资的时间节点将影响成本的变化,在最初几
年所需的数额相当大,但会随着投资期限延长而减少。 里奇
总结道:"到 2020 年,每年需要的前期资本投资是 5300 亿欧
元,到 2030 年需要 8100 亿欧元。 尽管这些数字看起来很庞
大,但许多预测显示,不采取行动避免气候变化的经济成本将
大大超过减排的投资额。"

显然,这些数字只是非常粗略的估计,应仅被视为问题严
重程度的指标。 此外,里奇分析得出的 21 世纪 20 年代的数
据要高得多的原因是,为了取代对新化石燃料能源工厂(平均
使用寿命为 40 年)的投资,我们需要在这十年中尽早对脱碳

能源技术进行大量的资本投资。里奇正确地强调了预先投资（前期吃重）的必要性，以便人们在2030年之前就开始获得脱碳带来的好处。

这里建议采用适度的方式，即18国集团应利用其每年1000亿美元的集体认捐（与平均通货膨胀率挂钩），为2.5万亿美元的全球碳减排债券提供服务，由这18个国家政府以全部信用共同担保。这也意味着不应该将资助平均分配到每个年份，而应该是一次性或预支（比如说）10年的全部承诺。原因很简单，即脱碳能源设施在发展中国家越早投入使用，减少温室气体排放的好处就越早显现。

对于这样一种全球碳减排债券，我们可以假设1%的固定利率和浮动的本金，如美国通胀保值债券，其期限为25年，每年有约2%的债权到期。（利率可根据需要调整，这些是名义上的数字，只是为了开始讨论基本概念。）这项提案的一个关键是：本着《巴黎协定》的精神，可以使所有私营部门缔约方和非政府组织作为投资者成为应对气候变化的全面合作伙伴。作为一种非常安全的投资，这种债券对主权财富基金，以及政府、私营企业和个人都具有吸引力。瑞士信贷发布的《2020年全球财富报告》（*Global Wealth Report 2020*）估计，截至2019年底，私人财富总额为399万亿美元。次国家行为体——例如，由加利福尼亚州领导并致力于脱碳政策的美国各州组成的广泛联盟——可能成为这一事业的重要参与者。可以想象，未来美国气候联盟的25个成员州中的全部或部分可能会采取一些额外的独立行动，以补充联邦政府所做的工作，并支持 18 国集团承诺的最初的目标。

在向投资者出售债券之后，18 国集团将只剩下支付利息和偿还债券的年度债务。尽管过去所有发达国家分别向发展中国家提供了各种类型的国际援助和支持，但它们在气候行动方面作出集体承诺是前所未有的，如果各方认为实现这一承诺存在不可逾越的法律障碍，就不会作出这一承诺。然而，它们还没有认识到在全球减排行动中预先投资的必要性。在这方面，1948 年的马歇尔计划无疑提供了最有趣的先例，该计划在四年时间里投入了相当惊人的 1000 亿美元（以 2018 年美元计价），以推动二战后西欧的经济复苏。

2.5 万亿美元全球碳减排债券收益的最大份额将被用于各种非化石燃料发电系统的建造、运输、安装、操作员培训和工厂维护项目，这些系统均由发达国家生产，并免费提供给发展中国家。受援国有义务设立偿债基金，以便在捐赠设施的使用寿命结束时为替换设施提供部分资金，其中较发达的受援国也可能被要求从本国资源中提供一些配套资金。

至于能源的生产设施，初步建议混合采用风力涡轮机农场、太阳能电池板农场，以及主要为了产生足够的基本负荷量的可供电力的小型核电站。这些核电站可能采用的是小型的第四代钠或铅冷却快速反应堆，运行安全性高，不需要沿着海岸或湖岸布置。作为所有这些能源技术设施的生产商和分销商，18 国集团将共享高价值的就业机会以及供应过程所有阶段产生的二次经济利益，这与其在债券发行方面的财政责任份额成比例。

18 国集团现在并不打算在 2023 年之前履行其在 2015 年作出的每年 1000 亿美元的承诺，这不足为奇。 但如果付诸行动，它们会发现通过全球碳减排债券落实该承诺的想法将绕过承诺本身最大的政治风险：以后的政府可能会在一年或多年内完全背弃承诺，或者为了应对其他重大事件而重新调整资金的流向，例如战争或新的流行病。 全球碳减排债券将合法地承诺预提供整整十年的资金（尽管是每年资助的），因此在功能上是不可逆转的。 另外，它还有两个优点。 一是要求资金只能用于脱碳这一单一目的，而不是分散在多个项目上。 二是债券采取交付实际能源生产设施的形式，而不是支付现金或补贴发展中国家直接购买这些设施。 因此，如果有国家对这种形式不满意，可以自由地选择参与或者不参与。

综上可见，这笔资金将被长期安全地锁定以用于特定形式的援助。 受短期政治和经济因素波动影响的年度资助不太可能为发展中国家的脱碳开辟专门道路。 除非全额资金能够提前投入，以便到 2030 年实际安装和运行所有或大部分能源生产设施，否则全球温室气体排放达峰将无限期推迟到 2030 年以后。 发行这笔债券并在较短时间内开始生产设施，例如在 2023 年之前，根据《巴黎协定》对进展情况进行第一次评估，可以说是避免无法实现全球 2030 年目标的最佳方式。

即使只是将该计划的开始时间推迟到 2028 年进行第二次

盘点之后，也可能为时已晚，无法发挥其作用。 另外，我们也有足够的理由担心到 2023 年无法实现《巴黎协定》的目标，届时 18 国集团可能愿意将其集体捐助金额翻倍，从而提供 5 万亿美元的债券。 这看起来似乎是一个令人震惊的支出水平，然而值得注意的是，在与新冠肺炎病毒感染斗争的短短两年内，发达国家可能会产生类似的新债务。

气候工程（太阳辐射管理）

"气候工程"或"地球工程"旨在通过限制人类温室气体排放以外的方式改变气候强迫对于地球的作用。 最重要的是各种类型的太阳能工程或太阳辐射管理，反射或阻挡照射到地球表面的阳光量，特别是通过向平流层注入细硫酸盐气溶胶。在过去几年中，有人还提出了其他技术，例如在太空放置轨道反射镜以反射阳光；此外，还探索了太阳能工程以外的技术，如海洋铁肥化（旨在提高海洋吸收和保留二氧化碳的能力）。另外两种技术，碳封存和大气中二氧化碳的移除技术，有时也被纳入地球工程的范畴，但本书认为它们具有根本不同的性质，将单独讨论。

最近，关于地球工程的辩论几乎集中在使用气溶胶的太阳辐射管理上。 这种技术模仿自然现象：火山爆发将大量硫酸盐化合物（主要是二氧化硫和硫化氢）喷射到大气中，部分地阻挡了阳光，并降低了地球表面的温度。 1991 年菲律宾皮纳图博火山爆发就是生动的案例。 这造成了整个 20 世纪最大的气溶胶效应，在三年内将大气温度降低了 17 ℃。 历史上这类大规模火山爆发包括 1815 年印度尼西亚的坦博拉火山爆发和 1883 年喀拉喀托火山爆发，以及 1783—1784 年冰岛的拉基火山爆发。 1815 年坦博拉火山爆发导致了 1816 年欧洲的"无夏之年"。 但细硫酸盐气溶胶很快以酸雨的形式被冲出平流层。因此，如果人类有意将这些化合物用于冷却地球，即所谓的平流层气溶胶注入地球工程（SAG），那就必须每隔几年重复一次。

　　输送技术相对简单，例如，使用高空飞机或气球将化学品输送到平流层，但应用本身并不简单。 平流层气溶胶注入地球工程所想要达到的预期效果，决定了何时（什么季节）使用化学品以及化学品在什么纬度和高度、以何种气溶胶尺寸、在什么化学混合物中使用。 这项技术已经经过了十多年讨论，但校准它在平流层应用时可能产生的具体效果仍存在一些很大的不确定性。 这些不确定性涉及辐射强度的大小、空间分布以及与之相关的各个方面（温度、降水模式等）。 换句话说，应用决策（如气溶胶尺寸和使用季节）与地球表面观测到的效果之间的实际相关性是什么？ 可以肯定的是，科学家在进行实验之前会尝试对这些相关性进行建模，但只有真正的实验才能回答其中的一些问题。 不过，我们熟悉火山爆发产生的硫酸盐气溶胶喷射，因此实验产生的任何意外的不利影响不太可能对我们的环境造成永久性损害。

　　自 2009 年 9 月伦敦皇家学会发布一份具有影响力的报告

《地球工程与气候：科学、治理与不确定性》（*Geoengineering the Climate：Science，Governance，and Uncertainty*）以来，人们已经形成共识，与这一主题相关的最严重和最困难的问题不是技术性的，而是伦理性和政治性的。首要且最明显的一个问题是：这是一种逃避温室气体减排责任的方式吗？这是否意味着取代各国根据《巴黎协定》承诺采取的行动？一个很好的回答是，如果世界未能实现减少温室气体排放的必要目标，或者无法使这些目标足够严格以避免对气候系统造成危险的干扰，那么平流层气溶胶注入地球工程可以为各国争取更多的时间，以便最终在减少二氧化碳排放方面达成一致。将平流层气溶胶注入地球工程作为一种纯粹的临时措施，至少可以帮助世界避免这一极端荒谬的局面——放任排放增加和平流层化学物质沉积同步发生。在这种情况下，世界将进入一个恶性循环，其后果不得而知。

然而，其他伦理性和政治性的问题更为棘手。2019 年，哈佛大学贝尔弗中心的报告《太阳能地球工程部署管理》（*Governance of the Deployment of Solar Geoengineering*）总结了这些问题，其中核心问题如下：

（1）应/将由谁制定平流层气溶胶注入地球工程部署的标准，谁应该和（或）可能决定何时满足这些标准？

（2）这些标准应/将包含什么？

（3）应/将如何作出部署决策；应/将使用什么决策过程？

（4）哪些现有或新的机构适合作为决策平台？ 这些机构的法律框架应/将如何建构？

这里只能提到几个关键的可能性。 首先也是最重要的一点是，一个强大的国家可能会不顾其他国家的反对，自行实施平流层气溶胶注入地球工程。 这被称为"独行其是问题"（行为主体可能会对未被征求过意见的其他主体造成潜在的不利影响），这一问题与众所周知的"搭便车问题"（一些主体在没有参与的情况下从其他主体的努力中受益）相对。 这种单边行动可能会引发"工程反作用效应"，也就是说，行动会带来反作用，当然包括引发战争。

其他风险还包括：分配不均（一些国家可能比其他国家受到更多的影响，甚至是极为不利的影响）；代际问题（当前一代可能以牺牲后代为代价而受益）；无法弥补（平流层气溶胶注入地球工程企业可能会产生意料之外且无法补救的不利影响）；生态问题（平流层气溶胶注入地球工程企业可能会对生态系统造成意想不到的负面影响）；程序问题（缺乏对平流层气溶胶注入地球工程企业的充分治理，或在作出影响一些企业的决策时将它们排除在外）；公正缺失（剥夺不同人群的平等待遇）；保护不足（只有最贫穷和最脆弱的人们受到不利影响）；等等。 这些风险被广泛认为是是否部署以及在何种条件下部署平流层气溶胶注入地球工程需要考虑的重要因素。 目前正在开展许多研究，致力于确定如何透明和适当地管理这些风险，包括提议考虑在全面部署之前进行小规模测试或实验室研究。

在治理的框架下，有许多讨论和研究项目正在寻求应对这些风险的方法。作为一种应对气候变化风险这一巨大挑战的替代方案，气候工程或地球工程可能取代《巴黎协定》，成为新的全面气候条约谈判的组成部分，或者可能成为专门处理这一问题的独立国际条约的主题。各组织目前正在与《联合国气候变化框架公约》的官员、联合国政府间气候变化专门委员会、联合国安全理事会和其他相关机构讨论这些建议。

考虑到气候工程技术的不确定性以及潜在不利后果的严重程度，在一个单一国际条约框架内，让与气候变化管理相关的本已复杂的谈判增加这一新的风险维度可能会非常困难。然而，只有在这样一个条约的保护下，才能够想象如何以可接受且相对安全的方式部署气候工程。有人猜测，如果世界各地的国家当局认识到太阳辐射管理的必要性，它们将试图通过此类条约对其进行管理。如果不这样做，抑或将部署完全推给个别国家决定，所面临的风险显然是不可接受的。

碳管理
（碳定价和监管、碳封存、碳移除）

1. 碳定价和监管

制定碳价格被广泛认为是减少温室气体排放的重要政策步骤。碳定价意味着对工业部门和消费者购买的一些商品（如燃料）征收二氧化碳排放费用。 例如，自 2021 年 1 月 1 日起，加拿大所有省份的工业和公民都受到《联邦温室气体污染定价法》的约束，该法案规定当时每吨碳的最低价格为 20 美元，2022 年和 2030 年分别递增至每吨 50 美元和 170 美元。各省可以设定更高的价格，还可以对大型工业工厂排放的部分温室气体征收单独的税，税务征收由联邦政府监管。

消费者在加油站加油的价格可能会直接受到碳税的影响。在碳价格较低的情况下，这一税收应该更准确地被称为"碳税"，而不是"碳排放税"，因为家庭的所得税退税可以覆盖或略高于他们在燃油支出上增加的费用。 在这种情况下，碳税预计不会对消费者的选择产生重大影响，因为每年的退税抵消了燃料成本的增加。 只有消费很多燃料的人才有动力改变他们的选择和行为。 政府和许多分析师认为，当碳定价适当时，这种定价是确保减少温室气体排放的最有效和高效的政策工具（ECCC，2018、2020；Rivers and Wigle，2018；CICC，2020）。 科因（Coyne，2021a）对此作了很好的总结，并附上了一张非常有价值的图表，标题为《不进行碳定价的成本：减少温室气体排放的非价格方法选择》。

目前，魁北克省和新斯科舍省这两个省采用了一种名为"总量管制和交易"的替代制度，旨在设定一个与碳税相当的碳排放价格。 马克·雅卡尔（Mark Jaccard）在其著作《公民的气候成功指南》（*The Citizen's Guide to Climate Success*）中对这一政策作了如下描述：

政府对所有或部分经济部门的排放量设定上限（限制），并拍卖或自由分配（称为"祖父式"）可交易的排放许可证（也称为"配额"），这些许可证的总额等于总排放量上限。在未来几年，上限会按照时间表下降，这意味着政府每年发放的许可证数量也会减少。

在此制度下，例如，一家在某一年超出二氧化碳排放限制的工业工厂可以以市场价格从另一家排放量低于其自身限制的公司购买配额来抵消其超出的部分；关键是要为整个行业设定一个总量限制。随着限额的降低，由于政府政策和监管，排放配额的市场价格上涨，使得工厂或行业超出排放限额的成本越来越高，从而激励合规。一个著名的例子是加利福尼亚州的排放交易计划，该计划自 2013 年起由加利福尼亚州空气资源委员会管理，现涵盖该州 85% 的温室气体排放。欧盟目前运行着世界上规模最大和历史最悠久的（自 2005 年以来）排放交易系统。

碳税或碳排放税的目标也可以通过监管来实现，如果监管是灵活的，而不是严格规定的，那么就可以模仿排放交易的效率。一个例子是低碳燃料标准，正如雅卡尔在《公民的气候成功指南》中解释的那样，该标准"要求用于交通运输的能源的平均碳强度随着时间的推移而下降"。这对单个燃料生产商设定了不断下降的碳排放上限，但允许企业之间进行排放许可证交易；这样它就与总量管制和交易制度的作用方式类似。

比如，高碳石油燃料生产商可以从电力、生物燃料或氢燃料供应商处购买排放配额。 再比如，电力行业的可再生能源组合标准（要求规定数量的能源要来自可再生能源）和车辆排放标准等。

2. 碳封存

碳封存意味着将二氧化碳隔离并安全地储存在远离大气的地方。 这一领域的主要战略被称为 "碳捕获和储存"（CCS）。 在这里，二氧化碳通过化学吸附（化学洗涤）从废物流（如燃煤发电厂的烟气）中分离出来，然后在压力下液化，通过管道运输到地下深处。 其他大量二氧化碳的排放源头是天然气田、煤气化厂、纸浆和造纸厂、氮肥厂和其他设施。 碳捕获可以在燃烧前（气化）或燃烧后进行。

零排放经济的一个重要组成部分是从天然气中生产氢气并将其用作能源。 所谓的 "蓝氢" 是从天然气中剥离并封存碳而产生的，"绿氢" 是利用可再生能源对水进行电解而产生的。 用于储存碳的地下洞室需要考虑地质结构，确保其能长期保存大量液化二氧化碳且泄漏量极小。 世界各地已经开展了相当数量的碳捕获和储存项目，例如澳大利亚、阿尔及利亚、挪威、美国和加拿大。 研究项目已经评估了与碳捕获和储存相关的风险，结论认为这些风险似乎很容易管理（*International Journal of Risk Assessment and Management*，2019）。 预测表明，碳捕获和储存在减少全球碳排放的总体战略中极具重

要性,但到目前为止,必要设施的发展还没有达到预期的速度
(Martin-Roberts et al.,2021)。

最后,一种被称为"直接空气捕获"的碳移除技术,旨在
使用化学洗涤器从空气环境中而不是从特定源头中隔离二氧化
碳,然后将其永久储存。 在加拿大、美国和欧洲,有一些新
兴公司正在开发这项技术。 除去其他因素,其最终使用范围
将取决于碳的价格。 碳移除和碳封存是所谓的"负排放技
术"的一部分,它们将很重要,因为它们可以成为某些部门和
行业减少排放的更有效、更便宜的替代方案(NAP,2019;
NET,2020)。

3. 碳利用和碳回收

移除和封存碳并将其储存在地下意味着我们不需要它,所
以需要安全、无限期地储存它,确保很长一段时间内它不会逃
逸到大气中。 而碳利用的前提是,那些利用碳原子的工业及
其产品对当今社会是不可或缺的。 碳是宇宙中元素含量排第
四的原子(仅次于氢、氦和氧),它的化学键性能卓越,可以
在普通的压力和温度条件下于地球表面形成大量的有机化合
物,这使它成为所有已知生命的共同元素。

因此,碳利用(也称为"碳技术")是基于这样一种认
识,即我们必须有能力回收我们使用的工业产品中包含的大量
碳,而不是将其封存在地下。 当碳基分子被吸收到产品中
时,它们就不会在大气中产生变暖效应。(换句话说,我们必

须避免的不是碳本身，而是对化石碳的进一步开发，即早期大自然在地球表面深处封存的大量煤炭和石油资源。）目标产品包括建筑材料、燃料、混凝土、骨料和塑料，但碳基产品的清单实际上是无穷无尽的。 其基本思想是将碳直接或通过其基本成分（聚合物）嵌入材料中。 最简单的例子是水泥：加拿大的碳固化技术公司（CarbonCure）将其他公司供应的二氧化碳气体注入水泥制造过程，切实提高了最终产品的性能。 增加产品的碳含量可以在产品使用寿命期间封存相应碳。

这类大规模流程的组成部分包括使用管道网络将碳从其产生的工业环境中转移到可以嵌入新产品的地方。 第二步是在产品磨损后最大限度地回收这些材料。 其基本概念是尽可能为碳基材料创建一个闭环。 换言之，这是一种在脱碳目标上增加"再碳化"目标的方式。 它承认工业社会现在和将来都将高度依赖碳基材料的使用。 新提议的做法与现行做法大相径庭，现行做法是用最近从地球上挖出的碳氢化合物制成高碳产品，然后从烟囱中排放或丢弃在垃圾填埋场中，接着提取新的碳氢化合物，如此循环往复。

第八章

加拿大：气候变化的
减缓、影响及适应

截至本章，我们的讨论聚焦于加拿大在世界舞台上对其他国家作出的关于控制温室气体排放的承诺。这些承诺基于《巴黎协定》，包含两个方面：加拿大自己设定的 2030 年和 2050 年减排目标，以及我们协助发展中国家履行减排义务的承诺。迄今为止，我们的数据并不乐观。自 1990 年开始的 30 年里，我们并没有完成我们设定的任何一个减排目标。然而，为这些失败寻找借口毫无意义。在过去，无论是加拿大的政治家还是大多数公民，都没有付出足够努力去履行我们的温室气体减排承诺。应对气候变化的关键时刻已经到来，对公民是如此，对政治家亦然，是时候我们所有人都挺身而出并参与其中了。

在这一章，我们将把目光转向国内，关注加拿大特有的气候变化问题。这与全球变暖的特征紧密相关，这些全球变暖的特征将在未来几十年直接影响加拿大人的生活。我们可从三个方面着手应对气候变化。第一是"减缓"，这意味着我们必须转变生活方式、改革经济部门。因为我们向国际社会承诺过在 2030 年前减少所有来源的温室气体排放，并在 2050 年前实现净零排放。第二是"影响"，由于全球平均气温上升，尤其是北极地区的升温幅度将远远高于平均水平，气候变化预计将对我们的地表和海岸线产生影响。 第三是"适应",随着气候持续变暖,需要对沿海栖息地和经济部门,尤其是农业和林业部门,进行长期的适应性转变。

一、减缓

在气候变化背景下,"减缓"是指减少人为造成的温室气体排放,或增加诸如森林中天然捕获的碳汇量,以减缓或遏制全球变暖的趋势。 加拿大最初设定的 2030 年温室气体减排目标(较 2005 年减少 30%),使加拿大每年排放的二氧化碳当量保持在 5.11 亿吨。 然而,新冠肺炎病毒的肆虐给经济效益和能源生产带来明显影响,因此影响了温室气体排放,该影响贯穿了整个 2020 年,并持续到 2021 年(EDGAR,2021)。 譬如,加拿大的温室气体排放量在 2020 年下降了 11%,远高于全球 7% 的平均下降水平。 但好景不长,全球碳排放反弹接踵而来(Friedlingstein et al.,2021;Jackson et al.,2021)。 正如杰克森(Jackson)等人(2021)所言:

> 2020 年全球化石燃料二氧化碳排放量下降了 5.4%,从 2019 年的 367 亿吨下降到 2020 年的 348 亿吨,前所未有地下降了 19 亿吨。我们预测,2021 年全球化石燃料二氧化碳排放量与 2020 年相比将会反弹 4.9%(4.1%—5.7%),达到 364 亿吨,几乎恢复到 2019 年 367 亿吨的排放水平。中国 2021 年的排放量预计将比 2019 年高 7%(达到 111 亿

吨），而印度的排放量同比仅略高一点（2021年相对于2019年增加3%，达到27亿吨）。相比之下，美国（51亿吨）、欧盟（28亿吨）和世界其他地区（合计148亿吨）2021年的预计排放量仍低于2019年的水平。

联合国环境规划署在《2020年排放差距报告》（*Emissions Gap Report 2020*）中憧憬，随着新冠肺炎病毒感染逐渐消退，各国经济进入回暖阶段，世界可能会迎来"绿色复苏"，即强调采用减少碳密集型能源使用的常规做法。然而，该报告也承认："新冠肺炎病毒感染危机只能在短期内降低全球温室气体排放量，除非各国的经济复苏建设包括强有力的脱碳措施，否则将无助于2030年的减排目标。"

事实上，世界气象组织在2021年10月指出，截至2020年底，全球温室气体排放水平已经重新开始上升，速度超过了过去十年的平均速度（WMO，2021）；2021年甲烷和二氧化碳的增长率分别达到39年前和63年前开始测量以来的最高值（NOAA，2022）。

联合国环境规划署发布的《2021年排放差距报告》（*Emissions Gap Report 2021*）显示，基于目前各国的国家自主贡献目标，到2030年，温室气体减排量将远远达不到预期水平。2022年3月底，联合国政府间气候变化专门委员会第三工作组报告《减缓气候变化》（*Mitigation of Climate Change*）正式发布。这份报告明确指出：（1）"即使把当前各国的国家自主贡献全加起来也几乎不可能将全球排放量在 2030 年以前降低到当前水平以下";(2)"根据我们评估的情景,若希望将升温控制在 1.5 摄氏度左右,全球温室气体排放最迟在 2025 年前达峰,并在 2030 年前减少 43%"。 而这两点几乎不可能实现。

加拿大今后几年的状况将体现其在这方面的表现。 目前,我们不得不预判可能发生的状况。 加拿大等发达国家很可能将优先恢复经济,即恢复到新冠肺炎病毒感染暴发前的经济水平(加拿大在 2021 年 7 月几乎已经实现了这一目标)。 重要原因之一是,与其他国家一样,加拿大大幅增加了联邦与地方累积的公共债务。 为了维持公民和企业的生存,这两级政府被迫尝试通过举债来摆脱经济崩溃,其信用度在未来也将因此受到影响。 加拿大和其他国家尝试重回经济强劲增长路径,以期降低债务占本国国民生产总值的比重。 因此,我们认为最合理的预期是,任何在 2021 年及 2022 年推动"绿色复苏"的尝试最多只能达到中等规模,而目前使经济活动产生温室气体的技术将在很大程度上得以革新。

此外,新冠肺炎病毒感染后经济的全面和持续复苏也很可能要到 2022 年才能实现。 因此,短期内加拿大温室气体排放最可能的路径是,排放量会随着 2023 年的到来恢复至接近 2019 年的水平,这是目前有认证总量的最后一年(*Canadian Energy Outlook 2021*,203)。 如果事实的确如此,在 2030 年以前,加拿大将还有八年时间来实现其最新承诺的温室气体减排量,即从 7.3 亿吨减少到 4.2 亿吨,总降幅为 42.5%,平均每年减少近 390 万吨。 坦白说，这将是一项艰巨的任务，需要联邦政府、省政府、私营部门和公民个人都持续为这一目标付出不懈努力。 回顾第五章中提到的时任加拿大总理布赖恩·马尔罗尼于 1988 年作出的首个减排承诺，仅规定每年减排 170 万吨：两个目标的差距就是拖延的代价。

必须考虑一个事实，即加拿大联邦政府长期以来由自由党和保守党交替执政。 在这种模式下，保守党政府完全有可能在本十年的后半段取代当前执政的自由党政府。 21 世纪迄今为止，保守党政府——很大程度上是产油省份的代表——至少可以说对开展温室气体减排的专门行动毫无兴趣。 2021 年 3 月，在保守党的全国政策会议上，大多数得到西部省份大力支持的代表们投票反对一份声称"我们认识到气候变化是真实存在的"的决议。 因此，随着 2030 年的临近，加拿大有可能在减排仍未达标的情况下，再次无法履行承诺。 如果 2030 年这种情况真的发生，局面将比过去严重得多，这也意味着加拿大到 2050 年将远不能达到净零排放。

2021 年 11 月，我们的环境与可持续发展专员发布了一份名为《加拿大气候变化记录中的经验与教训》（*Lessons Learned from Canada's Record on Climate Change*）的报告，其中有一些严厉的表述："加拿大一直未能实现其减排目标……过去对气候变化的不作为造成了当下的危机……自《巴黎协定》签署以来，加拿大的温室气体排放量有所增加，使其成为自 2015 年法国巴黎缔约方大会以来表现最差的七国集团国家。"

2020 年以来加拿大的减排战略

每个国家的各种减排方案都基于经济部门的分析。 世界资源研究所发布的《2021 年气候行动状况报告》(*State of Climate Action 2021*)(WRI, 2021b) 对全球各行业进行了详尽的分析; 在此我们重点讨论加拿大。 2021 年版的《加拿大温室气体减排目标进展》(*Progress towards Canada's Greenhouse Gas Emissions Reduction Target*) 及 2020 年发布的相关文件中, 包括《健康的环境和健康的经济》(*A Healthy Environment and A Healthy Economy*) 及其《建模和分析附件》(*Modelling and Analysis Annex*)、《2020 年加拿大温室气体及空气污染物排放预测》(*Canada's Greenhouse Gas and Air Pollutant Emissions Projections 2020*), 可见加拿大的行业减排方案发生了巨大变化。 表 8.1 源于《建模和分析附件》(如需更简洁的阐述, 参见 Hughes, 2021)。

最重要的初步观察结果是, 2020 年的预计总排放量(6.37 亿吨, 不包括土地利用、土地利用变化和林业) 较 2019 年减少了约 13%。 尽管在其他地方提到了新冠肺炎病毒感染因素, 这里的表格并未呈现出这全部或大部分由新冠肺炎病毒感染导致。 事实上, 如果要除去因新冠肺炎病毒感染造成的碳减排, 不管是加拿大, 还是许多其他国家, 都很难进行准确的温室气体计算, 预计需要在 2023 年某个时间节点, 如果新冠肺炎病毒感染继续的话, 甚至要到一年后, 也就是 2024 年, 才能最终确定 2022 年的碳减排数字。

表 8.1　按经济部门分列的 2030 年预期减排

	历史上（亿吨）					预期（亿吨）	变化（亿吨）
	2005 年	2010 年	2015 年	2018 年	2020 年	2030 年	2005—2030 年
石油和天然气	1.58	1.59	1.91	1.93	1.77	1.38	-0.20
电	1.19	0.96	0.81	0.64	0.38	0.11	-1.08
交通	1.61	1.68	1.72	1.86	1.55	1.51	-0.10
重工业	0.87	0.75	0.79	0.78	0.65	0.61	-0.26
建筑	0.86	0.82	0.86	0.92	0.90	0.65	-0.21
农业	0.72	0.68	-0.71	0.73	0.73	0.74	0.02
废料和其他	0.46	0.42	0.41	0.42	0.39	0.31	-0.15
土地利用、土地利用变化和林业	—	0.11	-0.08	-0.13	-0.25	-0.27	-0.27
全部（包括土地利用、土地利用变化和林业）	7.30	7.02	7.12	7.16	6.12	5.03	-2.27

从表 8.1 中得出的最引人注目的结论是，加拿大一半以上的排放都来自两个部门：交通运输业和油气行业。［所有国家主要的共同指标之一是运输部门；世界资源研究所（WRI，2021b）估计，在全球范围内，这一部门的排放量占所有排放量的 17%。］加拿大是世界第二大陆地国家，人口相对较少，严重依赖各种形式的人员和货物运输；同时，它还拥有庞大的石油和天然气生产部门。根据国家减排目标，这些特定部门是改革的主要领域。然而，表 8.1 中这两个部门预计到 2030 年的减排量非常小（油气行业的所有减排量都在天然气部门，而非原油部门）。

重工业也是一个非常重要的部门，排放量至少占全球温室气体排放总量的三分之一，迫切需要引进新技术（J. H. Wesseling et al.，2017；J. Rissman et al.，2020；M. Barecka et al.，2021）。例如，仅水泥制造业就贡献全球 8% 的温室气体排放；尽管水泥生产商，包括加拿大的一些生产商，已经在引进新技术减少或消除温室气体排放，重大挑战仍然存在（Miller et al.，2021）。钢铁生产的碳排放占全球总量的 7%，减少排放也需要突破性进展（Vogl et al.，2021）。

电力部门的目标非常激进。在 2005—2030 年，这一行业几乎承担了所有减排量的一半，预计到 2030 年，整个部门的减排目标将趋近于零温室气体排放。由于加拿大 82% 的电力来自非排放源（水电、核电和可再生能源），进一步消除这一部门的温室气体排放是一个具有挑战性的目标。 正如雅卡尔和格里芬（Griffin）在他们 2021 年的报告《2035 年加拿大电力系统零排放》（*A Zero-Emission Canadian Electricity System by 2035*）中所说，联邦层面的强有力的政策导向是绝对必要的，因为加拿大需要将清洁电力供应翻倍（或更多），以实现交通、建筑和工业从依赖化石燃料到清洁能源的过渡。

最后，农业部门的表现可能高于预期。 一个名为"气候行动农民联盟"（Farmers for Climate Solutions）的组织提出与各国政府合作，在这一领域的减排方面取得重大进展，而且在加拿大广阔的草原上也有很多更好地封存温室气体的机会。 德雷弗（Drever）等人（2021）发表了一篇重要期刊文章《加拿大基于自然的气候解决方案》（*Natural Climate Solutions for Canada*），首次对耕地、草地、湿地、作物选择、肥料、森林管理和植树造林等方面可能减少的碳排放量进行了全面和定量的统计。 其他三项关于加拿大的泥炭地（Harris et al.，2021；WCSC，2021）和土壤碳（Sothe et al.，2021、2022）的最新研究与此有关。 萨扎（Sothe）等人（2022）评论说，"普遍认为加拿大的土壤和泥炭地的碳储量约占世界总土壤碳储量的 20%"，且其中 25% 存储于距地面一米的土壤表层（Sothe et al.，2021；Semeniuk，2021b），其中加拿大因气候变化而造成的释放漏洞是一个至关重要的问题。

表8.2   加拿大部分省份的碳减排

省份	2019 年（百万吨）	2030 年（百万吨）	变化（百万吨）	变化差
魁北克	84	79	−5	−5%
安大略	163	162	−1	−
萨斯喀彻温	75	66	−9	12%
阿尔伯塔	276	250	−26	−9.5%
加拿大全境	730	674	−56	−7.7%

　　履行我们所宣称的承诺一直是一个政治意愿的问题，并且将来也会如此。 如今，我们现任的联邦议员正在为十年后作出承诺，届时他们中的许多人都已离职。 现在宣布这场战斗的胜利还为时过早，但像加拿大气候选择研究所（Canadian Institute for Climate Choices）这样的机构已经这样做了。 此外，目前仍然存在一个尤为明显的障碍，一个明显带有政治色彩的障碍：预期减排量在各省和地区之间的分配问题。 例如，截至 2019 年，阿尔伯塔省（38%）和安大略省（22%）合计占加拿大 7.3 亿吨排放量的 60%（*National Inventory Report*，*1990 – 2019*，table ES‑4）。 现在将其与表8.2 中各省对 2030 年的预测进行比较（*Canada's Greenhouse Gas and Air Pollutant Emissions Projections* 2020，section 1.3.5，table 9）。

　　因此，在 2019—2030 年，阿尔伯塔省和萨斯喀彻温省的减排量预计将占全国该时期总减排量的 62.5%，而安大略省的减排量将基本保持不变，魁北克省则更少。 可以肯定的是，安大略省的这一数据反映了该省早期在取消燃煤发电厂方面所取得的成功。 然而，各主要省份之间在能源、工业和交通部门的分配方面仍存在差异，这必须通过精心设计的政府计划来解决。

我们对 2020 年前气候计划的预期是基于"64 项强化和新增的联邦政策、项目和投资以减少污染"。 ［它们被列入《健康的环境和健康的经济》，其中有一句决定性的话："本计划中概述的拟议行动一旦全面实施，可以让加拿大超额完成 2030 年的目标。"（楷体字为补充内容）可以肯定的是，这个超出额度微乎其微。］因此，我们能否成功实现 2021 年前设定的 2030 年初始目标（较 2005 年减排 30%），完全取决于我们能否制定一套尚未实施的政策和措施。 而现在的目标则更为严苛。

截至 2021 年，强化目标的部门分析

如第五章结尾所述，在 2021 年地球日的气候峰会上，时任美国总统乔·拜登几乎将该国在《巴黎协定》下的初始减排目标提高了一倍，先前设定的目标是 2025 年将温室气体排放量较 2005 年减少 27%，如今提高为到 2030 年减排 52%。 时任加拿大总理贾斯廷·特鲁多的回应是，将加拿大 2030 年的目标由较 2005 年减少 30% 提高到 40%—45% 之间。 如果要实现最初的目标，加拿大 2030 年的排放量将为 5.11 亿吨；假设新目标的中值得以实现（42.5%），2030 年的排放量将为 4.2 亿吨。 加拿大正式将这个新的 2030 年目标纳入其在《巴黎协

定》下强化的国家自主贡献承诺，于 2021 年 7 月 12 日提交给《联合国气候变化框架公约》，并声明"考虑到加拿大政府 2021 年的预算措施和额外行动，例如继续与美国保持一致，加拿大 2030 年的排放量将降至 4.68 亿吨（比 2005 年的水平至少低 36%）"。 这一声明由于提到了未指明的"额外行动"而显得含糊其词。 正如加拿大清洁繁荣组织（Clean Prosperity）在 2021 年 10 月的报告中所强调的，一切都取决于加拿大是否有能力和意愿切实履行已经作出的新承诺，特别有系于碳定价（关于这一点，另见 Coyne，2021b）。

2022 年 3 月下旬，加拿大制定了最新的、更加雄心勃勃的具体的行业减排目标，即到 2030 年使排放量比 2005 年减少 40%—45%（ECCC，2022，section 3.2）。 该目标按照减排范围的下限（40%）进行设定，得出 2030 年排放总量应为 4.43 亿吨。 按 2005—2030 年之间的百分比下降计算（可与表 8.1 相比），七个部门的预计减排量如下：石油和天然气部门（-31%）、电力部门（-88%）、交通部门（-11%）、重工业部门（-39%）、建筑部门（-37%）、农业部门（-1%）、废物和其他部门（-49%）。 除农业部门的目标外，其他都是颇具雄心的目标，而且需要强有力的政策支持和指导。 例如，尽管交通部门的减排目标相对温和，但是到 2030 年，仍需要电动汽车和电动商用卡车这两种电动交通工具的销量占比分别达到 60% 和 35%，才可能实现目标。

作为一家独立机构，蒙特利尔大学工学院的特罗狄埃能源

研究所早些时候在《2021 年加拿大能源展望：2060 年远景》
（*Canadian Energy Outlook 2021: Horizon 2060*）报告中进行了部
门分析，展示了实际情况下最为全面的经济部门前景。 该报
告侧重于目前正在实施的实际政策，而不是已提出或未制定的
政策，并得出了一个激进的结论：到 2030 年，这些政策将使
加拿大的排放量仅比 2005 年的排放水平减少 16%，远低于减
少 30% 的预定目标。 结论指出，加拿大的目标仍然"无法通
过目前宣布的措施实现"。 此外，加拿大皇家银行于 2021 年
10 月发布了一份短期的行业研究报告《2 万亿美元的转型：加
拿大通往净零的道路》（*The ＄2 Trillion Transition：Canada's
Path to Net-Zero*）（RBC，2021），十分清晰易懂。

　　特罗狄埃能源研究所的报告包含两个非常重要的问题，都
与加拿大减排目标相关：（1）各省的关键作用；（2）确定部
门优先事项。 关于第一个问题，报告表示：最高法院近来作
出决定，"根据加拿大的 2030 年和 2050 年目标，减排的主要责
任在各省的法律管辖范围内"，因此"联邦政府仍然依靠各省
来实现其最雄心勃勃的气候目标"。 报告的分析结果让这种
不容乐观的来自现实的提醒更显复杂。 在这种情况下，特罗
狄埃研究所的报告大幅修改了其他分析中得出的结论。

　　例如，马克·雅卡尔在《公民的气候成功指南》一书中有
力指出，交通和电力部门是近期值得特别关注的部门。 这两
个部门实际上是内在相关的，因为交通部门问题的解决方案是
电气化；挑战在于持续减少电力部门的温室气体排放的同时，

大幅实现运输和其他部门的电气化。假设我们实现了 2030 年的目标，我们就需要在 20 年内将温室气体排放量从 4 亿— 4.5 亿吨减少到零。为此，我们将需要更多的不会导致温室气体排放的电力。《健康的环境和健康的经济》指出，到 2050 年，"加拿大将需要生产多达两到三倍的像现在这样的清洁能源"（美国也作出了类似的预测；Princeton，2021）。由于加拿大对现有的水力发电设施的利用已近饱和，能明显扩大产能的领域是风能和太阳能等可再生能源。然而，正如特罗狄埃研究所的报告所强调的那样，电力部门需要将很大一部分资源用于建设庞大的新基础设施，才能进一步提供如此庞大的电力。而且，几乎可以保证的是，进行大量的新电力线建设，肯定会引发众多的反对（例如 Gelles，2022）。

此外，至少我对加拿大能够仅通过风能和太阳能等可再生能源将其清洁电力的产量增加到两倍或三倍表示严重怀疑。因此，在我看来，人们必须认真考虑推广新的小型第四代核反应堆。人们普遍认为这些核反应堆能非常安全地运行，并且，与旧的大型装置不同，它们不需要被置于湖泊上，因为使用的是不同的冷却系统（熔盐而不是水）。许多这样的小型模块化反应堆工厂可以建在我们城市附近区域。已有至少一家公司，即加拿大的特里斯特尔能源公司（Terrestrial Energy），正在开发这项技术，并于 2020 年 10 月从联邦政府获得了 2000 万美元的投资。2021 年 12 月初，安大略电力公司宣布已委托美国的 GE 日立公司在达灵顿核电站建造一种更传统的小型模块化反应堆（轻水反应堆）（McClearn，2021）。 事实上，联邦政府的"小型模块化反应堆行动计划"将核能技术的进步视为实现电力部门净零排放目标的重要组成部分。 然而，特罗狄埃研究所的报告提醒我们，无论是在技术研发，还是在公众和监管机构的接受程度等方面，该领域都存在许多不确定性。

这份重要报告继续确认了加拿大在减排方面的主要经济部门（也参见加拿大皇家银行 2021 年第四季度的图表）：

> 在过去 30 年里，石油、汽油及炼油部门排放的温室气体份额持续上升，从 1990 年的 15.7% 攀升至 2005 年的 19.3%，并在 2019 年达到 23.6%。尽管油砂生产技术在进步……该部门的排放量占能源相关排放总量的近三分之一。交通部门的情况也比较类似，其排放量占比已从 1990 年的 24.1% 持续增长至 2005 年的 25.7%，并在 2019 年达到 29.7%。这两个部门加起来的排放量占全国温室气体排放量的一半以上。按绝对值计算，1990—2019 年，这两个部门的温室气体排放增长是最快的。

尽管一些全新的技术究竟能以多快的速度占领汽车市场还不确定，可以肯定的是，交通部门即将迎来一场真正的变革。 所有主要的汽车制造商都已经或即将推出不同尺寸和型号的纯电动汽车和混合动力汽车。 大多数自驾游都是在当地进行的，所以混合动力汽车在大多数时间内仅启用电动模式即可。 新技术主要有以下三种：混合动力（油电混合，无须充电）；插电式混合动力，用于续航里程更长的电动汽车使用；还有氢燃料电池，它是燃料电池和电动机的结合，水是唯一的副产品。（一些性能爱好者担心失去竞速幻想，但价格更为高昂的电动汽车可使他们享受每小时0—100千米的惊人加速，以及内燃机的模拟声音。）

首先，2021年6月底，加拿大政府宣布：到2035年，所有新产出的轻型汽车和载客卡车必须实现零排放，联邦政府将会支持国家电动汽车充电站基础设施的发展。其次，一些制造商现在也在生产电动货车和皮卡。2021年1月，通用汽车公司宣布，将在位于安大略省的英格索兰工厂组装EV600货车，这是源于联邦快递的一笔大额订单。最后，戴姆勒（现梅赛德斯-奔驰集团股份公司）、沃尔沃、特斯拉等公司将同时推出短途和长途的电动牵引式挂车。戴姆勒公司将于2021年投产。同样在2021年1月，世界第五大汽车制造商通用汽车公司宣布，到2035年，他们将只生产电动汽车；沃尔沃公司也紧随其后。

然而，特罗狄埃研究所的研究认为，交通运输"转变的速度不会像预期的那么快"，到2030年，（汽车）电气化对实现温室气体减排目标几乎没有什么帮助，尤其是货运和公共交通领域，将面临特殊的挑战，且电气化对航空领域几乎没有影响。由此，结论清晰而明确：

实现 2030 年目标的最优方法是大幅减少油气部门的排放量……除了石油和天然气部门，工业、商业以及电力部门必须尽早作出最大努力。因此，各国政府应该聚焦在这些行业部门。由于加拿大的经济性质，仅有不到 20% 的温室气体排放直接取决于民众的选择。

支撑上述观点的一个重要理由，在于交通部门对接的是数以百万的消费者的出行选择，而工业部门则是在数百家大型生产商的公司决策框架内运行的。

在过去 20 年中，加拿大碳减排失败的主要原因在于高耗能状况未能有所改变，同时，石油和天然气部门的产能亦不断增加。从 1999—2019 年，原油的产量增加了一倍多。特罗狄埃研究所提出的主要减排措施非常严厉："加拿大必须在 2030 年前迅速降低原油和天然气的产量，以达到净零排放目标。"（文中这句话用的是粗体字）在特罗狄埃研究所的报告中，加拿大的整个工业体系，尤其是石油和天然气部门，是迄今为止成本效益最高、最具近期减排潜力的领域。为达到这个目的所能采取的政策包括：技术创新、燃料/技术转化、产品和工艺转化以及排放捕获。加拿大需要大力推广碳捕获与碳封存技术，但是其成本高昂，且只适用于大型设施（也就是说，规模不能缩小）。

根据特罗狄埃研究所的报告，"降低石油和天然气部门的产量与需求"是加拿大在短期内实现减排目标的必然选择。

但这并不是当前能源生产状况所关注的。斯德哥尔摩环境研究所及其附属组织于 2021 年 10 月发布的《2021 年生产差距报告》(Production Gap Report 2021)表明,全球的化石燃料生产国(包括加拿大)"计划生产的化石燃料数量比与实现 2030 年前将全球升温控制在 1.5 摄氏度以内的目标相匹配的数量多一倍以上,比控制在 2 摄氏度以内所要求的生产数量高出 45%"。根据准独立联邦政府机构加拿大能源监管机构(Canada Energy Regulator)的报告(CER,2020)中的生产差距报告,加拿大计划于 2019—2040 年石油和天然气分别增产 18% 和 17%。

增产石油是为了出口,这样加拿大能够充分利用《巴黎协定》的核算制度。根据该制度,一个国家只对本国领土内的排放负责,而不对出口产品的消费所产生的排放负责。这成为《2021 年加拿大能源未来》(Canada's Energy Future 2021)中"演进的政策情境"的关键部分,其假设加拿大和全世界将"减少对化石燃料的需求,而更多地采用低碳技术"。虽然在 2021—2050 年,加拿大的化石燃料使用量预计将下降 40% 以上,但在出口市场的作用下,同期加拿大的原油产量将保持不变(每天 500 万桶)。不出所料,该报告承认"演进的政策情境不太可能实现 2050 年净零排放"。

为了实现 2030 年、2050 年温室气体减排目标,加拿大在计划的和需要做的之间存在明显的矛盾,截至 2021 年底,该矛盾仍未解决。当然,考虑到天然气和石油部门的相关设施分布于各省，减少该部门生产和需求所产生的社会政治影响是显而易见的，也是极具挑战性的。迄今为止，联邦政府已经制定了全国范围的目标和政策，这与省政府的行动和政策只有部分是一致的。但是，如果缺乏完整、长期且牢固的联邦政府与省政府合作战略计划，加拿大根本无法兑现其国际承诺。在这方面，所有最艰巨的工作仍有待开展。

"减缓"部分总结

当前，加拿大减排任务需要快速跟进。加拿大 2019 年的温室气体排放量与 2005 年几乎相同。自 1988 年以来，我们一直在作出承诺，却又一直没有足够重视，直至 2020 年发生新冠肺炎病毒感染，我们才设定一个暂时的目标。我们进一步修正了 2030 年和 2050 年的目标，但因各种现实因素，在 2022 年，我们还没有在全国范围内正式行动。如上所述，为实现加拿大对 2030 年和 2050 年的承诺所需的所有最艰巨的工作仍有待开展。有关未来挑战的评论，请参阅加拿大环境与可持续发展专员的最新报告（CESD，2022），以及《纽约时报》（*New York Times*）对加拿大环境科学家瓦茨拉夫·斯米尔的采访（Vaclav Smil，2022）。

1988 年，时任总理布赖恩·马尔罗尼在一次国际论坛上首次承诺加拿大实现温室气体减排的目标，在此之后的 30 年里，联邦政府与省政府之间就如何履行这一责任的问题不断进行着政治斗争。加拿大的大多数省份，包括安大略省和魁北克省这两个最大的省，以及产油的阿尔伯塔省和萨斯喀彻温省，都花费数年时间在法庭上与联邦政府争夺征收碳税的权力，这个问题直到 2021 年才最终得到解决。 直到 2020 年，阿尔伯塔省政府还在赞助一项名为"反阿尔伯塔能源公开调查"的运动，该运动进行各类活动，包括向公众提供简化版的"气候否定主义"文献。

在 21 世纪 20 年代后期，联邦政府的更迭可能会削弱实现 2030 年和 2050 年目标所需的政策，同 2006—2016 年出现的情况类似。 在气候变化方面，留给加拿大和全人类的时间都不多了。 这就是为什么在未来的几年里，加拿大应该提前出台更多的政策和措施，以确保实现联邦政府作出的完成 2026 年中期减排目标的承诺。 我之前提到了"前期吃重"的想法，当时我建议加拿大设法说服其发达国家伙伴在 2023 年前通过全球碳减排债券向发展中国家提供整整 10 年的气候变化资助资金。 这种战略现在也应在国内使用。 换句话说，加拿大应该在未来四年内实施一系列政策、法规、行业目标和补贴，至少在一定程度上，使其在实现碳减排目标的道路上取得一些重大进展。

二、影响和适应

在制定应对全球变暖的政策时，社会层面的困难层出不穷，其中之一便是：公民不仅需要为减缓气候变暖而付出如上所述的代价，而且必须面对遭受恶劣气候影响的可能性。 在极北地区尤其如此，气候变暖在北极产生的影响将会比在低纬度地区恶劣得多，而且在低纬度地区，严重问题已经显而易见。然而，有句老话说"船到桥头自然直"，我们可以等等看，一个寒冷国家变暖一点会发生什么？在现代，人们总因先进技术而感到安心——"逢山开路，遇水搭桥"。气候变化后果延迟已久却又不可避免，或将更为糟糕，产生不可逆转的影响，并可能在未来某个时刻毁灭我们所有的世界文明，这一观点很难让人们接受。

"影响"通常指的是环境风险所带来的不良后果，而"适应"则是我们应对这些风险而进行的各种调整。从进化意义来说，"适应"是指已然出现的成功适应了环境条件改变的新特征。在当今气候变化的背景下，社会试图利用科学知识来预见新风险对既定生活方式可能造成的有害影响，并制定相应的政策和措施，借此降低有害影响。像气候变化这种新风险的产生是一种全球现象，需要区分其全球性影响和区域性影响。在此，我们将首先概述一下全球状况，再聚焦加拿大。作为一个北半球国家，加拿大将遭受一部分特定的气候相关风险，也将在适应气候变化中面临特定的挑战。

下面关于全球气候变化的总结基于联合国政府间气候变化专门委员会第五次评估报告《气候变化 2014：影响、适应和脆弱性》(*Climate Change 2014: Impacts, Adaptation, and Vulnerability*) 中的核心章节。

（1）淡水相关风险：充足地表水和地下水资源的供给威

胁，尤其是在亚热带地区；

（2）陆地及淡水生态系统：栖息地改变、污染以及外来入侵物种给物种造成的威胁；

（3）沿海系统和低洼地区：海岸下沉、沿海洪水以及海平面上升对海岸的侵蚀；

（4）海洋系统：海洋变暖、酸化对渔业生产力和海洋生物多样性的威胁；

（5）粮食安全：热带和温带地区的升温、干旱对主要粮食作物（玉米、小麦、水稻）产量的威胁；

（6）城市地区：热胁迫、极端降水、干旱、空气污染、水短缺等威胁；

（7）农村地区：粮食作物受到威胁的影响；

（8）人类健康：热胁迫、营养不良、食源性和水源性疾病增加、虫媒病的变异；

（9）人类安全：流离失所、迁徙、暴力冲突、对国家基础设施和领土完整的威胁。

在大范围的区域层面上，风险模式各不相同：

（1）非洲：干旱、水短缺、作物生产力降低、营养不良、虫媒病和水源性疾病；

（2）欧洲：江河流域和沿海地区的洪水、热胁迫、野火、干旱以及对粮食产量的威胁；

（3）亚洲：洪水泛滥、干旱、热胁迫、营养不良；

（4）大洋洲：洪水灾害、野火、热胁迫；

（5）北美洲：野火、热胁迫、干旱、沿海及沿河区域的洪水、极端天气；

（6）中南美洲：粮食产量的下降、可用淡水的减少、热胁迫、极端降水、虫媒病；

（7）极地地区：对北方社会和海洋生态系统的生存能力的威胁、基础设施的毁坏、永久冻土的融化；

（8）海洋：鱼类和脊椎物种的减少、对珊瑚礁和海岸边界系统的威胁、酸化、极端事件。

《气候变化 2022》（*Climate Change 2022*）提出了这些模式的升级版，并首次在该系列报告中系统地使用风险语言归类气候变化的影响（见附录 2）。

加拿大政府于 2019 年发布了《加拿大气候变化报告》（*Canada's Changing Climate Report*）。关于全球变暖，报告中特别指出，"近地表空气温度与低层大气空气温度，以及海表温度和海洋热含量"是主要风险因素（因子）。在北极地区与北美草原，近地表空气温度的升温幅度通常较高。报告中提及，为将全球升温保持在 2 摄氏度以下，全球排放量必须"几乎立即达到峰值，此后急剧减少"。降水模式已从降雪量减少转向降雨量增加，如果不能实现减排目标，加拿大南部部分地区，特别是大草原地区的降雨量就会减少。接下来，极端气候将发生变化：（1）高温天气将愈发频繁和强烈，干旱和野火的风险也会增加；（2）极端降水事件将致使洪水侵袭城市内陆地区。就冰冻圈而言，大部分西部冰川将会消融，且永久冻土的变暖和解冻将对北极地区产生重大影响。北极海洋环境将在夏季经历长时间的无冰期。[伯克利地球（2021）对2100年的全球变暖预测使许多国家受益，其中就包括加拿大。]加拿大政府表示："加拿大的平均气温上升幅度是全球平均水平的两倍，北部地区则是全球平均水平的三倍。"（ECCC，2022）

海洋将继续变暖，氧气的流失和酸化将对海洋生态系统的健康产生不利影响，尤其是北冰洋。海平面上升和局部地面沉降将提高沿海地区发生洪水的风险：最新研究（Sweet et al.，2022）预测，到2050年，美国海岸线的海平面将上升约0.3米，加拿大亦如此。美国国家海洋和大气管理局在2020年底和2021年的报告，即《2020年北极报告单》（*Arctic Report Card 2020*）和《2021年北极报告单》（*Arctic Report Card 2021*），重点关注包括加拿大在内的所有领土环绕北极的北方国家最脆弱的地区。重要的新发现包括，2020年上半年西伯利亚异常高的地表气温（比平均水平高出3—5摄氏度），以及2021年7—8月格陵兰冰盖上的三次极端融化事件（还有前所未有的降雨事件）；海冰覆盖面的夏季最小值和冬季最大值呈稳步下降趋势，海表温度呈上升趋势，永久冻土融化愈加严重（Arctic Institute，2021）。在加拿大北极区的定居区域，基础设施面临着重大威胁，包括建筑地基、道路、管道和通信网络。

然而，斯坦福大学的马歇尔·伯克（Marshall Burke）等人于 2015 年发表在《自然》杂志上的一篇论文认为，某些北半球国家，包括俄罗斯、加拿大，和斯堪的纳维亚半岛，在 2100 年之前几乎不需承担气候变化对净经济产生负面影响的风险。相反，这些国家都可能有显著的净经济效益。 北半球的一项特定活动尤其重要：农业。 气温升高和生长季节延长的正相关早已有据可查（《纽约时报杂志》2020 年 12 月的文章与图片中有所描述），因此可以通过逐渐向北转移农业，大大提高北半球和欧洲部分地区的粮食产量，特别是在俄罗斯广阔的土地上。 不出意外的话，南半球大部分地区的经济前景黯淡。

鉴于美国、南美洲、印度和非洲等地的农业产量在全球变暖的情况下可能会下降，且据预计较为贫穷的国家将普遍陷入粮食短缺的困境，北半球乐观的农业前景将产生地缘政治后果。 人们希望，加拿大至少能利用增加粮食盈余的承诺来帮助世界上那些即将遭受营养不良和饥饿的人。 然而，即使总的来说加拿大的农业部门能够从全球变暖中获益，整个国家仍然必须处理以下总结的气候变化的其余负面影响并为其买单。

值得强调的是，伯克的研究只涉及净国民经济预测。 因而，即使加拿大的经济和农业部门整体上可以从全球变暖中受益，农业的主要地点也将大幅向北转移，西部更靠南的大片区域可能会由于持续的干旱而失去生产力。 这类情形和对我们北方森林的主要预期影响（枝叶枯萎和野火）、沿海和城市洪水、北部基础设施的破坏、日益猛烈的风暴、新的昆虫侵扰、热应激、淡水供应，以及其他挑战，都十分严峻。 与此同时，世界其他地方可能有数十亿人将恳求我们的帮助。

加拿大有多大的决心来尽自己的
一份力量以阻止全球变暖？

关于加拿大的经济从长远看可能会从气候变化中受益的观点促使我们探究，截至 2022 年，绝大多数加拿大公民在何种程度上完全支持本国政府宣布的承诺。 重申一下，承诺包含这三个方面：（1） 2015 年承诺，2020 年前与其他发达国家一起，每年向发展中国家提供 1000 亿美元的气候融资；（2） 2030 年前实现温室气体定量减排；（3） 2050 前实现净零排放。 值得称赞的是，加拿大通过参与国际协议，与其他国家一同努力控制排放，尤其是对相对贫穷的国家来说，这充分体现了公平原则，因为参与的不同国家会承担相应的不同责任。 然而，多年来，民调结果显示，很大一部分人不愿意为减排承担更多的费用。 这和政府的参与与承诺多少有些不同，在这方面还有许多工作要做。

加拿大人有时确实想知道公平原则如何适用于我们自身的情况。 如果他们愿意，他们可以很容易发现加拿大人口约占世界人口总数的 0.5%，却贡献了全球 1.5% 的温室气体排放量，这两个指标相差两倍。 加拿大人倾向于以两种方式对这些信息作出反应。 要么，他们认为这只占了全球排放的一小部分，尤其是与中国、美国这两个排放量最大的国家相比；要么，他们提醒人们关注这样一个事实，即我们生活在一个幅员辽阔（世界上领土面积排名第二）、气候寒冷的国家，因此自然需要更多的能源（及排放量）才能生活得舒适、健康。 加拿大虽然人口规模较小，却是世界第十一大排放国。 而且按人均计算，我们在二十国集团中人均排放排名第二，仅次于澳大利亚（Olivier and Peters，2020，table B.5）。 我们如何看待这些数字？ 公平原则如何适用于我们？ 鉴于我们的特殊情况，是否应该适当降低减排目标？

当我们在 21 世纪 20 年代的整整 10 年中向 2030 年目标艰难迈进时，我们需要坦率地对这些问题进行讨论。

我们可以从关于我国的排放量相对于其他国家来说是多少的观点开始讨论，尽管这类抱怨其实很容易反驳。 我们是第十一大排放国，许多国家的排放量低于我们，排在末位的许多国家的总排放量不到我们国家的 1.5%。 如果生活在不同环境中的其他所有国家都发出同样的紧急呼吁，即本国的排放相对较少、微不足道，那么《巴黎协定》下的联合行动就不可能成功。 针对我们需要更多能源以应对寒冷气候的抱怨，要知道的是许多其他国家，例如印度，可能会指出他们的空调需求量大幅增加，特别是更极端的高温气候即将来临。 许多国家还面临着国内运输跨度大的问题。 因此，无论是关于我们的排放量微不足道的辩护，还是纬度高的特别需求，都没有任何的说服力。 因为其他国家也会面临着一些类似的问题。

更糟糕的是，还有一个很少提及的论点，这涉及累计排放——也被称为"历史排放"问题。 早在19世纪就开始工业化进程的国家在一个更长的时间跨度上向大气中排放二氧化碳。 由于二氧化碳会停留在大气中,大约三分之一的二氧化碳在排放一个世纪后仍停留在大气中。 这成为全球变暖的一个重要因素。 汉娜·里奇的文章《谁对全球二氧化碳排放贡献最大?》分析了1751—2017年总的累计排放量,以及占世界总量的份额:美国为25%,欧洲(欧盟28国)为22%,中国为13%,俄罗斯为7%,印度为3%,加拿大为2%。

在这一过程中,一些有趣的阶段性数据揭示了领导地位在工业化过程中的影响。 1882年,全世界超过一半的排放量来自英国;直到1950年,一半以上的排放量来自欧洲;到1990年,中国的排放占比仅为5.36%,印度仅为1.52%。 最后,让我们加上2019年这组国家的二氧化碳人均排放量(以吨为单位,四舍五入取整数):美国,16吨;欧洲(欧盟28国),7吨;中国,8吨;俄罗斯,12吨;印度,2吨;加拿大,16吨。

从这些数据中,很容易看出对温室气体减排责任分配的公平性判断,取决于在比较研究中选取的标准。 对于加拿大来说,与世界其他国家相比,选取什么指标最能确定一套公平的温室气体排放目标,这个问题没有一个正确答案。 也许我们可以采用更简单的方法。 上文提到的马歇尔·伯克和其他人在2015年的研究包括一张题为"气候变化对世界经济的影响"的互动地图,读者可以在线查阅。 将光标悬停在世界各个国家和地区，可以显示作者的预测。 结果显示，到 2100 年，美国的人均国内生产总值将下降 36%，中国的降幅将为 42%，日本为 35%，澳大利亚为 53%，墨西哥为 73%。 巴西、非洲大部分地区、沙特阿拉伯和印度的经济则预计于 21 世纪末全盘崩溃。 相反，到 2100 年，俄罗斯人均国内生产总值预计增长 419%，增幅惊人；挪威、瑞典和芬兰的增幅则超过 200%；英国、德国、东欧地区和乌克兰的增幅前景也相当可观，预计为 40%—90%。

这项研究还预测，到 21 世纪末，加拿大人均国内生产总值将增长 247%，气候变化导致我们人均国内生产总值下降的可能性不到 1%。

这些预测数据发布于 2015 年，但预测的时间一直延伸到 2100 年，可以预见未来将有更多人研究气候变化对世界各国经济的影响，因此后人的研究结论可能会调整上文给出的数据。 但研究的总结论不太可能改变，即气候变化对不同国家和地区的经济运行情况的影响存在区域极度不平等的特点。 诺亚·迪芬博（Noah Diffenbaugh）和马歇尔·伯克在 2019 年的一份出版物中总结道："我们发现，人为气候变化扩大国家间经济不平等的可能性非常高……导致其扩大的主要驱动因素是温度和经济增长之间的抛物线关系，气候变暖能够推动高纬度国家经济增长，抑制低纬度国家经济增长。"因此，在包括加拿大在内的北半球少数国家，人们对这一好消息的任何欢呼声都可能被来自不幸地区的痛苦呻吟淹没。 如果这一预测被证实，那么在长达数十年的气候灾难中，数十亿人将深受其苦，许多人会在灾难中死去。

加拿大人最好不要因任何乐观的预期而对未来沾沾自喜，我们最好静静地祈祷祝福，并向世界展现履行应对气候变化方面作出的三项承诺的决心，其中包括到 2050 年实现温室气体净零排放这一承诺。我们应该更加关注国家制定的应对气候变化的短期目标，而不是长期前景。这一说法并不是空穴来风，如前文所述，到目前为止，我们并没有完成在温室气体减排上所作出的任何承诺。

加拿大政府在 2022 年 3 月下旬的声明中提道（ECCC，2022）：

> 《加拿大净零排放问责法》（*The Canadian Net-Zero Emissions Accountability Act*）规定，加拿大必须设定到 2026 年为止的温室气体排放中期目标。根据目前的减排轨迹，加拿大将在 2026 年前将全国的温室气体排放总量较 2005 年的水平降低 20%（即 5.84 亿吨）。这一中期目标与 2030 年加拿大国家自主贡献的官方目标不同，但鉴于《2030 年减排计划》（*2030 Emissions Reduction Plan*）在 2023 年、2025 年以及 2027 年都设有排放目标，2026 年中期目标所取得的成果也能够为未来的进展报告定下积极的基调。

这是加拿大历史上第一次制定四年内的短期目标。假设在 2023 年即将发布的 2022 年认证排放总量中，全国温室气体排放量仍处于或接近 7.3 亿吨，那就意味着我们必须在未来四年中实现 3.65 亿吨的年均减排。

时间在一分一秒流逝，我们必须重视 2023—2026 年之间的减排承诺。

附录 1

表 6.4 的注释和计算结果

中 国

自 2015 年以来，中国二氧化碳排放量的年均百分比变化是+2.0%（EDGAR，2020）；需要注意的是，中国现有和提议过的国家自主贡献承诺只涉及二氧化碳排放，而不包括温室气体总排放量。 我对 2030 年的预估（约 160 亿吨）是基于以下假设：从 2020 年到 2025 年的六年间，每年温室气体排放量以 1.5% 的速度增长，然后从 2026 年到 2030 年以每年 1% 的速度增长。 中国的二氧化碳排放量在 2020 年增长了 1.5%，据预测，2021 年将再增长 5.5%（Jackson et al. 2021）。 据气候行动追踪组织估计，到 2030 年，中国二氧化碳的排放量是 132 亿—145 亿吨，我认为这个范围太低了，因为该范围的中值（约 140 亿吨）与 2019 年的实际数据相同（Olivier and Peters），这表明中国的温室气体排放量已经达到峰值，这是极不可能的（中国承诺在 2030 年之前达到碳排放峰值）。 并且，中国已承诺从 2026 年开始减少煤炭消费，在 2020 年，中国启用了大量新的燃煤电厂（Global Energy Monitor,"China Dominates 2020 Coal plant Development"），这些电厂通常有约 40 年的使用寿命。 请参阅国际能源署（IEA，2021d）、彭博社（Bloomberg，2021）的文章和本附录末尾的"论中国和气候变化"。

印　度

根据印度的国家自主贡献承诺，印度将在 2014—2030 年 16 年间将国民生产总值增长近四倍，到 2030 年将排放强度在 2005 年的水平上降低 34%。 这似乎是一个非常不现实的情景。 印度的国民生产总值在 2014—2019 年五年间增长了 40%（年均增长 8%）；一项估计预测，其 2020—2030 年的增长将更强劲，总增长率将达到 2014—2030 年的 250%（https://www.statista.com/statistics/263771/gross-domestic-product gdp-in-india/），尽管这可能有些过高。 我保守地假设其年增长率将保持在 8%，并且没有在减少排放强度方面取得重大成就；我估计温室气体排放量会从 2014 年的 33 亿吨（Olivier and Peters）增加到 2030 年的 46 亿吨。 气候行动追踪组织估计到 2030 年，印度二氧化碳排放量的范围是 38.4 亿—40.2 亿吨，我认为这个范围有点偏低，虽然有考虑到印度的煤炭管道项目，但印度的情况无疑存在很大的不确定性。 关于未来煤炭相关的估计，请参阅斯德哥尔摩国际环境研究所的报告（2021，44）。

美　国

《巴黎协定》（2030 年将排放量在 1990 年的水平上降低

27%）是奥巴马政府在 2015 年提出的。 当然，后来特朗普政府退出了《巴黎协定》。 2021 年 4 月，拜登政府将奥巴马的承诺翻倍，现在的目标是到 2030 年将排放降低到 1990 年水平的 50%—52%。 由于这是一个重大的举措，人们无法确定它能否实现，特别是特朗普有可能在 2024 年重返执政，届时美国政府可能再次退出《巴黎协定》。 但由于美国经济能源强度持续下降是其能够实现减排的主要因素，无论总统选举的政治形势如何，实现 2015 年的承诺是可能的，因此表 6.4 中保留了这个数字。 气候行动追踪组织的估计则要高得多（到 2030 年每年排放 61 亿—62 亿吨二氧化碳当量），主要是因为拜登的提议在实施之前需要通过国会获得批准，存在相当大的不确定性。

俄罗斯

2020 年，俄罗斯的国家自主贡献承诺是在 2030 年将碳排放量在 1990 年的水平上降低 30%，这是不可信的；我估计 2019—2030 年排放量可能不会有变化，同时存在增加的可能性。

印度尼西亚

2020 年，印度尼西亚的国家自主贡献承诺是，到 2030 年"无条件"在基准情景（每年 28. 69 亿吨二氧化碳排放量*）的水平上降低 29%。 其"有条件"的承诺目标更低，但缺乏

---

* 译者注：原文写为 2869 亿吨，应为作者笔误。

可信度。

巴 西

2020 年，巴西的国家自主贡献承诺（表面上）是到 2030 年将排放量在 2005 年水平上降低 43%，这是不可信的。我估计 2019—2030 年会有 25% 的增加。

墨西哥

2020 年，墨西哥的国家自主贡献承诺（表面上）——到 2030 年将排放量在 2005 年的水平上降低 22%，是不可信的。我估计 2019—2030 年会有 25% 的增加。

加拿大

加拿大 2030 年强化后的国家自主贡献目标是在 2030 年将排放量在 2005 年的水平上降低 40%—45%，这是非常激进的，并与加拿大迄今为止未能履行其声明的承诺的记录形成对比；我采纳气候行动追踪组织在 2021 年的预测。

其 他

对于没有作出国家自主贡献减排承诺的国家，我预估两个主要石油生产国（伊朗和沙特阿拉伯）将增加 50% 的排放量，其他国家（巴西、墨西哥、土耳其和南非）将增加 25% 的排放量，因为这些国家将面临较大的发展压力。

2030 年温室气体排放预估的影响

气候行动追踪组织是一家基于网络的分析资源的合资公司，由总部位于柏林的非营利性气候科学与政策研究机构气候分析（Climate Analytics）和成立于 2014 年的非营利性机构新气候研究所（NewClimate Institute）合作运营，并与德国波茨坦研究所合作，以开展气候影响研究。 通过将国家政策和温室气体排放与《巴黎协定》的目标进行比较，气候行动追踪组织为表 6.2 中排名前 16 位的国家和地区提供了评级。 评级分为"严重不足"（一个国家和地区的气候政策与承诺几乎没有反映在行动中，不符合《巴黎协定》）和"高度不足"（一个国家和地区的气候政策与承诺，不符合《巴黎协定》升温 1.5 摄氏度的目标）。"高度不足"对应全球升温 3— 4 摄氏度，"严重不足"对应全球升温超过 4 摄氏度。"不足"意味着国家需要进一步改进。 以下是截至 2021 年 9 月 15 日的评级：

中国	高度不足	墨西哥	高度不足
印度	高度不足	土耳其	未评估
美国	不足	南非	不足
欧盟	不足	澳大利亚	高度不足
俄罗斯	**严重不足**	韩国	高度不足
印度尼西亚	高度不足	加拿大	高度不足
巴西	高度不足	阿根廷	高度不足
伊朗	**严重不足**	哈萨克斯坦	高度不足
日本	不足	阿拉伯联合酋长国	高度不足
沙特阿拉伯	**严重不足**		

论中国和气候变化

2019 年是全球温室气体排放一个严峻的标志性年份。2019 年，中国的排放量首次超过了世界所有发达经济体的总和——经合组织所有成员国加上所有欧盟成员国（Rhodium Group，2021）。此外，中国的人均温室气体排放量约为 10 吨，在过去 20 年里增加了两倍，2019 年的人均排放量略低于经合组织的平均水平（然而，这远低于前列发达国家水平，其中，美国为 20 吨，加拿大约为 22 吨）。目前的趋势表明，在未来几年内，中国的人均温室气体排放水平可能会开始超过经合组织成员国的人均水平。

中国目前是世界上最大的温室气体排放国，百亿吨二氧化碳当量占世界总量的 27%，紧跟其后的是美国，占 11%；中国二氧化碳（最重要的温室气体）排放量占全球的 31%。就另一个关键指标，即 1750 年以来历史累积排放量而言，中国目前占 14%，而发达国家合计占 51%。与加拿大等其他国家一样，中国在履行其对 2030 年、2050 年或 2060 年的承诺方面，将面临重大挑战。事实上，相较于发达国家，中国面临的挑战更为严峻，因为在这些国家，总体而言，温室气体排放已经稳定或下降，但在中国，这些排放仍在上升，这种情况至少还要持续五年。这意味着到 2030 年，中国在全球温室气体排放中分摊的相对份额将显著增加。然而，中国已承诺力争在 2030 年之前碳达峰，并将在 2060 年实现碳中和的目标（比许多其他国家承诺到 2050 年实现净零排放的目标晚了 10 年）。

来自国际能源署的一项重要分析显示，中国在发达经济体、大型新兴市场和发展中经济体之间处于独特的中间位置（IEA，2021e，233）。换言之，中国既不是发达经济体，也不是新兴市场和发展中经济体，而是兼具二者的特色，尽管它的（经济）数据显然正朝着发达经济体靠近。世界银行的"人均总值"和"人均二氧化碳值"等数据也说明了这一点，即中国正处于发达经济体与发展中经济体之间。在过去的 20 年里，中国也一直是世界上最具活力的发展中经济体。

然而，我们必须记住，虽然中国是世界上最大的碳排放国，但就人均排放量而言，中国仍低于所有发达经济体，历史累积排放量则更低。在涉及气候变化的责任问题时，没有任何一个比人均和历史累积排放量更重要的标准。《巴黎协定》缔约方大会的讨论更倾向于关注国家总量，而不是人均或历史累积排放量，因为《巴黎协定》下的机制是基于所谓的国家自主贡献，即国家（作为一个主体）是协定的签署国。其中一小部分国家是主要排放国，它们（依次）是中国、美国、欧盟+英国（28 国）、印度、俄罗斯和日本。这些实体的二氧化碳排放量加起来占全球所有的三分之二（67%）。我相信，这六个国家和地区负有解决气候变化问题的主要责任，而不是只有中国。在任何意义上，中国都不需要承担比任何其他国家更大的责任。

实事求是地讲，在需要平衡、减少温室气体排放的问题上，中国正面临着一个普遍意义上的世界性难题。其中一个困境是，即便发达经济体通常会减少其排放量，但所有发展中经济体都需要保持其经济增长速度，这意味着其温室气体排放也将保持增长。中国在破解这个难题上所取得的成就，可以被认为是走出这一困境的最好回答。当然，中国也非常能够理解发展中经济体需要大量的经济援助才能促使其经济发展结构逐步向（使用）清洁能源过渡。因此，中国在利用《巴黎协定》和联合国框架来解决气候变化问题方面，也处于独特的全球性领导地位。一方面，欧盟可能会支持中国，但由于它同大量发展中经济体缺乏紧密的历史联系，它自身无法成为全球性领导者；另一方面，没有人可以指望美国在这个问题上发挥任何真正的领导作用：自 1997 年以来的 25 年里，美国参议院甚至拒绝考虑批准《京都议定书》，美国的国内政治形势一直在阻碍全球试图有效应对气候变化的尝试。这意味着只有中国才能胜任这一工作。

鉴于这一问题在未来几十年里无与伦比的重要性，如果中国能够在联合国大会上就气候变化问题公开地、自豪地接受（担任）领导者这一挑战，国际秩序将可能会产生结构性变革。

附录 2

联合国政府间气候变化专门委员会第六次评估报告中的风险评估方法——气候变化的影响

《气候变化 2022：影响、适应和脆弱性》

第 16 章："各部门和各地区的主要风险"（PDF 文件第 2766 页开始）

第 17 章："管理风险的决策选择"（PDF 文件第 2939 页开始）

注：想全面了解气候变化风险的读者应该研究这两章，特别是下面列出的部分和页码。

第 16 章　各部门和各地区的主要风险

（1）"我们特别关注八个'有代表性的主要风险'，这些风险体现了前几章所确定的 30 种基本的关键风险：低洼沿海地区生态系统完整性的风险、陆地和海洋生态系统的风险、关键物质基础设施和网络的风险、生活水平的风险（包括经济影响、贫困和不平等）、人类健康的风险、粮食安全的风险、水资源安全的风险，以及和平和人口流动性的风险。"（第 16

章，第12页）

（2）"主要风险被定义为潜在的严重风险，因此与对气候系统受到危险的人为干扰的解释密切相关，如《联合国气候变化框架公约》第二条所述，预防这种干扰是公约的最终目标。"（第16章，第56页）

（3） 16.5.2.3 对有代表性的重大风险的评估（第16章，第60—80页）。 上面列出的八个重大风险中的每一项都得到了一些详细的阐述。

（4） 太阳辐射的改变。（第16章，第83—89页）

（5） 预估气候变化对全球经济的影响。（第16章，第111—116页）

（6） 临界点或"大规模奇异事件"。（第16章，第116—119页）

（7） 总结。（第16章，第119—120页）

（8） 另外，读者也可以直接在这里（第16章，第121—127页，PDF文件第2886页）找到"常见问题"，获取对主要观点的简要总结。

常见问题16.1：与气候变化有关的主要风险是什么？

常见问题16.2：如何作出调整来管控重大风险？ 这些措施的局限性是什么？

常见问题16.3：气候科学家如何区分哪些是气候变化带来的影响，哪些是由其他原因造成的自然或人类系统的变化？

常见问题16.4：目前已观测到哪些与气候变化有关的应对

措施？它们是否有助于减少气候风险？

常见问题 16.5：气候风险如何随温度变化而演变？

（9）此外，另一个方便查阅的总结请查看《气候变化2022：影响、适应和脆弱性》中的"决策者摘要"（第18—20页），题为"复杂、复合和连带风险"以及"升温暂时性超出阈值的影响"的章节。

第17章 管理风险的决策选择

（1）执行概要。（第17章，第3—7页）

（2）常见问题。（第17章，第103—109页）

常见问题 17.1：哪些指南、工具和资源可供决策者识别气候风险并决定最佳行动方案？

常见问题 17.2：有哪些融资方案可用于支持气候改善和气候复原？

常见问题 17.3：为什么在一个变暖的世界里，从渐进调整到转型调整的一系列调整规划很重要？

常见问题 17.4：鉴于现有的调整状况，以及现存的未被管控的风险，谁来承担世界各地的残余风险？

常见问题 17.5：我们如何知道改善是否成功？

补充资料

联合国政府间气候变化专门委员会，《气候变化2021：自然科学基础》，"常见问题"

联合国政府间气候变化专门委员会,《气候变化 2022：缓解气候变化》,新闻发布会

联合国政府间气候变化专门委员会,《气候变化 2022：综合报告》

参考文献及来源

　　该部分仅列出了有限的参考文献，读者可以在互联网搜索引擎中输入相关的标题，便可找到更多关于本书所涉及主题的资源。在检索过程中，读者必须对搜索到的任何信息的来源和归属作仔细检查，并审慎评估它们的可信度。为了方便读者进一步搜索信息，我在下文中列出了许多可公开获取的有价值的学术期刊文章的具体来源网址（以下所有网址访问日期为2022年6月6日）。

　　在"我们的数据世界"（Our World in Data）网站上有一个精心设计的栏目，名为"二氧化碳温室气体排放"（CO_2 Greenhouse Gas Emissions）（网址为 https://ourworldindata. org/co$_2$-and-other-greenhouse-gas-emissions）。读者可以在这一栏目下找到许多制作精美的图表，特别是互动式数据可视化图表和地图，以及许多有用的解释说明性材料。这个项目的负责人马克斯·罗塞（Max Roser）就职于牛津大学社会科学部下属的马丁学院，这是一个关注科研和政策的学院。这一网站被广泛认为是关于许多全球重要议题的可信的信息来源。另一个可靠的网站是"碳简报"（Carbon Brief）（网址为 https://www. carbonbrief. org/about-us），由欧洲气候基金会资助的英国团队创立，拥有相当专业的解释说明性文章和可视化数据资源。

到目前为止，由气候科学家为公众撰写的最好的一部短篇著作是理查德·艾利的《两英里的时光机》（见第二章参考文献）。如果想要了解对气候科学现状的广泛概述，以及对达到温室气体减排这一艰巨目标的前景展望（该目标已被包括加拿大在内的所有发达经济体政府接受），可参阅泽凯·霍斯法瑟（Zeke Hausfather）的《为美国众议院提供的书面证词》（*Written Testimony for the U. S. House of Representatives*）（2021 年 3 月 12 日），共 36 页（http://berkeleyearth. org/wp-content/uploads/2021/03/Zeke-Hausfather-Congressional-Testimony-highrez. pdf）。

如果读者只想对某一项关于气候变化科学依据进行全面总结的权威性研究进行深入调查，我推荐这一项：美国全球变化研究计划（United States Global Change Research Program）发布的《气候科学特别报告》（2017），共 470 页（http://science2017. globalchange. gov/）。鉴于其篇幅，读者可能需要慢慢消化；除此之外，读者会发现其内容相当丰富。在第 10—34 页可以看到“重点”和“行动纲要”。此外，在每一章的开头都有一个叫作“重要发现”的部分。

另一个不可或缺的资源是加拿大教科书《物理地质学》（*Physical Geology*）中的第 19 章“气候变化”，作者是史蒂芬·厄尔（Steven Earle）和卡拉·潘丘克（Karla Panchuk）；全书可在互联网上获得（https://opentextbc. ca/physicalgeology2ed/）。在第 19 章的开头，有一张绝妙的图片，该图展示了一个海洋钻探项目的岩芯样本，用作科学家解释过去气候存在的证据，如被称为 "古新—始新世极热事件" 的 10 万年温暖期始于 5570 万年前。 这一部分和该短章的其余部分对于理解气候与气候变化至关重要。 第四章 "火山活动"，以及第八章 "估量地质时间" 和第 16 章 "冰川运动"，也很有价值。

本书最重要的目的之一是说服读者相信世界气候科学家所阐述的关于气候变化的强烈共识立场。 我的方法是鼓励那些像我一样不是自然科学专家的公民去尝试了解科学家是如何在气候或其他任何学科中开展工作的。 我从一本以科学为导向的著名杂志中选取了一篇 2021 年的文章，展示了科学实验、证据收集和不断更新信息的过程。 该领域的研究与正在进行的整合所有构成对气候理解的复杂元素的努力有关。 具体如下：Max Koslov，"Cloud-Making Aerosol Could Devastate Polar Sea Ice，" Quanta Magazine，23 February 2021，https：//www. quantamagazine. org/cloud-making-aerosol-could-devastate-polar-sea-ice-20210223/。

在我看来，由西蒙斯基金会（Simons Foundation）发表在《量子杂志》（*Quanta Magazine*）上的文章，包括上述文章以及第一章和第二章的参考文献，是据我所知的最好的科学类报告，它们以通俗易懂的语言和实用的插图，准确、清晰地解释了复杂的科学概念。

如果有读者阅读本书的印刷版，下文提到的参考文献的网址可能很难复制到浏览器中。 在这种情况下，通常可以通过输入作者姓名和标题（适用于期刊文章检索），或只输入报告和文件的标题，来快速找到全文。 除了大部分书籍和少数文章外，参考文献中的每一项内容都可以在互联网上免费获得，供所有读者查阅。

一般性引用

Jaccard, Mark. 2020. The Citizen's Guide to Climate Success. Cambridge: Cambridge University Press.

Leiss, William, and Stephen Hill. 2004. "A Night at the Climate Casino: Canada and the Kyoto Quagmire." Chapter 10 in William Leiss and Douglas Powell, *Mad Cows and Mother's Milk*. 2nd ed. McGill-Queen's University Press.

Simpson, Jeffrey, Mark Jaccard, and Nic Rivers. 2007. *Hot Air: Meeting Canada's Climate Change Challenge*. Toronto: McClelland & Stewart.

Weaver, Andrew. 2008. *Keeping our Cool: Canada in a Warming World*. Toronto: Penguin Canada.

联合国政府间气候变化专门委员会的近期报告

Intergovernmental Panel on Climate Change（IPCC）,*Synthesis Report of the Sixth Assessment Report*, expected release October 2022:https://www. ipcc. ch/ar6-syr/.

《气候变化 2022：减缓气候变化》

Intergovernmental Panel on Climate Change（IPCC）. 2022. *Climate Change 2022: *Mitigation of Climate Change*. Working Group III contribution to the Sixth Assessment Report of the Intergovernmental Panel on Climate Change. https://report. ipcc. ch/ar6wg3/pdf/ipcc_ar6_WGIII_FinalDraft_FullReport. pdf.

— 2022. *Climate Change 2022: Mitigation of Climate Change: Summary for Policymakers*. https://report. ipcc. ch/ar6wg3/pdf/ipcc_ar6_WGIII_SummaryForPolicymakers. pdf.

— 2022. *Climate Change 2022: Mitigation of Climate Change, Summary for Policymakers*, figure spm. 4. https://www. ipcc. ch/report/ar6/wg3/figures/summary-for-policymakers/figure-spm-4.

— 2022. *Climate Change 2022: Mitigation of Climate Change*. Press Release. https://report. ipcc. ch/ar6wg3/pdf/ipcc _ar6_WGIII_PressRelease-English. pdf.

《气候变化 2022: 影响、适应和脆弱性》

Intergovernmental Panel on Climate Change (IPCC). 2022. *Climate Change 2022: Impacts, Adaptation and Vulnerability*, Working Group II contribution to the Sixth Assessment Report of the Intergovernmental Panel on Climate Change. https:// report. ipcc. ch/ar6wg2/pdf/ipcc_ar6_WGII_FinalDraft_FullReport. pdf.

— 2022. *Climate Change 2022: Impacts, Adaptation and Vulnerability: Summary for Policymakers*. https://report. ipcc. ch/ar6wg2/pdf/ipcc_ar6_WGII_SummaryForPolicymakers. pdf.

— 2022. *Climate Change 2022：Impacts，Adaptation and Vulnerability：Press Conference Slides.* https：//report．ipcc．ch/ar6wg2/pdf/ipcc_ar6_WGII_PressConferenceSlides．pdf．

《气候变化 2021：自然科学基础》

CarbonBrief. "In-Depth Q&A：The IPCC's Sixth Assessment Report on Climate Science．" https：//www．carbonbrief．org/in-depth-qa-the-ipccs-sixthassessment-report-on-climate-science．

Intergovernmental Panel on Climate Change（IPCC）. 2021. *Climate Change 2021：The Physical Science Basis.* Working Group I contribution to the Sixth Assessment Report of the Intergovernmental Panel on Climate Change. https：//www．ipcc．ch/report/ar6/wg1/downloads/report/ipcc _ ar6 _ WGI _ Full _ Report．pdf．

— 2021. *Climate Change 2021：The Physical Science Basis：Summary for Policymakers.* https：//www．ipcc．ch/report/ar6/wg1/downloads/report/ipcc_ar6_WGI_spm_final．pdf．

— 2021. *Climate Change 2021：The Physical Science Basis，Summary for Policymakers*，figure SPM．1. https：//www．ipcc．ch/report/ar6/wg1/figures/summary-for-policymakers/figure-spm-1/．

— 2021. *Climate Change 2021：The Physical Science Basis.* Frequently Asked Questions．https：//www．ipcc．ch/report/ar6/wg1/downloads/faqs/ipcc_ar6_WGI_faqs．pdf．

联合国政府间气候变化专门委员会的其他报告

Intergovernmental Panel on Climate Change（IPCC）. 2019. *Climate Change and Land*. https://www.ipcc.ch/site/assets/uploads/2019/11/SRCCL-Full-Report-Compiled-191128.pdf.

——2019. *Summary for Policymakers*. https://www.ipcc.ch/srccl/chapter/summary-for-policymakers/.

——2019. *The Ocean and Cryosphere*. https://www.ipcc.ch/site/assets/uploads/sites/3/2022/03/SROCC_FullReport_FINAL.pdf；https://www.ipcc.ch/srocc/chapter/summary-for-policymakers/；https://climateanalytics.org/media/ipcc-srocc-briefing.pdf.

——2018. *Global Warming of 1.5 ℃*. https://www.ipcc.ch/site/assets/uploads/sites/2/2019/06/sr15＿Full＿Report＿High＿Res.pdf.

——2018. *Summary for Policymakers*. https://www.ipcc.ch/sr15/chapter/spm/.

序　言

The Debunking Handbook 2020. https://www.climatechange-communication.org/wp-content/uploads/2020/10/Debunking-Handbook2020.pdf.

"Scientific Method" in the *Stanford Encyclopedia of Philoso-*

phy. https：//plato．stanford．edu/entries/scientific-method/．

"Scientific Method"（Wikipedia，accessed 6 June 2022）．

绪　论

Intergovernmental Panel on Climate Change（IPCC）. 2020.
"The Concept of Risk in the IPCC Sixth Assessment Report：A
Summary of Cross-Working Group Discussions．" 4 September
2020．https：//www．ipcc．ch/site/assets/uploads/2021/01/The-
concept-of-risk-in-the-ipcc-Sixth-Assessment_Report．pdf．

Fleming，James Rodger. 1998. *Historical Perspectives on Cli-
mate Change*. Oxford：Oxford University Press．

Haller，Stephen. 2002．*Apocalypse Soon? Wagering on Warn-
ings of Global Catastrophe*. Montreal and Kingston：McGill-Queen's
University Press．

Harvey，L．D. Danny. 2000 ［e-book 2016］．*Global War-
ming*. Milton Park，UK：Routledge．

－1999 ［e-book 2016］．*Climate and Global Environmental
Change*. Milton Park，UK：Routledge．

Leiss，William. 2001. *In the Chamber of Risks：Understanding
Risk Controversies*. Montreal and Kingston：McGill-Queen's Universi-
ty Press．

主题词和推荐网站

"Climate"（Wikipedia，accessed 6 June 2022）．

"Evolution of the Sun"（northwestern．edu）．

"Large Igneous Provinces"（Wikipedia, accessed 6 June 2022）．

"Snowball Earth"（Wikipedia, accessed 6 June 2022）．

第一章

Balower, Timothy, and David Bice, College of Earth and Mineral Science, The Pennsylvania State University, in collaboration with the US National Aeronautics and Space Administration．

"Earth 103: Earth in the Future"（Creative Commons License）．https://www．e-education．psu．edu/earth103/node/508．

Earle, Steven, and Karla Panchuk．2019．"Climate Change．" In *Physical Geology*, 2nd edition, 593–615. BC Open Textbook Collection, available in its entirety at https://opentextbc．ca/physicalgeology2ed/．Chapter19, "Climate Change," 593–615．

Lee, Howard．2021．"Scientists Pin Down When Earth's Crust Cracked, Then Came to Life．" *Quanta Magazine*, 25 March．https://www．quantamagazine．org/ancient-rocks-reveal-when-earths-plate-tectonics-began-20210325/．

– 2020．"Sudden Ancient Global Warming Event Traced to Magma Flood．" *Quanta Magazine*, 19 March．https://www．

quantamagazine. org/suddenancient-global-warming-event-traced-to-magma-flood-20200319/.

O'Callaghan, Brendan. 2022. "A Solution to the Faint-Sun Paradox Reveals a Narrow Window for Life." *Quanta Magazine*, 27 January. https://www. quantamagazine. org/the-sun-was-dimmer-when-earth-formed-how-did-lifeemerge-20220127/.

Witze, Alexandra. 2017. "Ancient Volcanoes Exposed." *Nature* 543 (16 March): 295 – 6. https://www. nature. com/news/polopoly _ fs/1. 21630! /menu/main/topColumns/topLeft-Column/pdf/543295a. pdf.

主题词和推荐网站

"Climate" (Wikipedia, accessed 6 June 2022).

"Evolution of the Sun" (northwestern. edu).

"Large Igneous Provinces" (Wikipedia, accessed 6 June 2022).

"Snowball Earth" (Wikipedia, accessed 6 June 2022).

第二章

Alley, Richard B. 2000. "Ice-Core Evidence of Abrupt Climate Changes." *Proceedings of the National Academy of Sciences* 97 (4): 1331 – 4. Open access. https://www. pnas. org/content/97/4/1331.

— 2014. *The Two-Mile Time Machine: Ice Cores, Abrupt Cli-*

mate Change, *and Our Future*. Princeton, NJ: Princeton University Press. Ebook edition available. https://press. princeton. edu/ books/ebook/9781400852246/the-two-mile-time-machine.

Bender, Michael, et al. 1997. "Gases and Ice Cores. " *Proceedings of the National Academy of Sciences* 94 (16): 8343 – 9. Open access. https://www. pnas. org/content/94/16/8343.

Brovkin, Victor, et al. 2021. "Past Abrupt Changes, Tipping Points, and Cascading Impacts in the Earth System. " *Nature Geoscience* 14: 550 – 8. https://doi. org/10. 1038/s41561-021-00790-5.

CarbonBrief, "Explainer: How the Rise and Fall of CO_2 Levels influenced the Ice Ages. " https://www. carbonbrief. org/explainer-how-the-rise-and-fall-ofco2-levels-influenced-the-ice-ages.

Colose, Chris, et al. 2020. *Energy Education: Climate Forcing*. https://energyeducation. ca/encyclopedia/Climate_forcing.

Davies,Bethan. 2020. "Ice Core Basics. " https://www. antarcticglaciers. org/ glaciers-and-climate/ice-cores/ice-core-basics/.

Jacob, D. E. , et al. 2017. "Planktic Foraminifera Form Their Shells via Metastable Carbonate Phases. " Open access. https://www. nature. com/articles/s41467-017-00955-0.

Lee, Howard. 2020. "How Earth's Climate Changes Naturally (and Why Things Are Different Now). " *Quanta Magazine*, 21 July. https://www. quantamagazine. org/how-earths-climate-changes-naturally-and-why-thingsare-different-now-20200721/.

Oregon State University. 2014．"Study Resolves Discrepancy in Greenland Temperatures during End of Last Ice Age．" https：//to-day．oregonstate．edu/archives/2014/sep/study-resolves-discrepancy-greenland-temperaturesduring-end-last-ice-age．

Steffen，Will，et al. 2015．"Planetary Boundaries：Guiding Human Development on a Changing Planet．" *Science* 347. Open access．https：//science．sciencemag．org/content/347/6223/1259855/tab-pdf．

Wolchover，Natalie. 2019．"A World without Clouds．" *Quanta Magazine*，25 February．https：//www．quantamagazine．org/cloud-loss-could-add-8-degreesto-global-warming-20190225/．

主题词和推荐网站

"Abrupt Climate Change"（NCDC/NOAA）．

"Glacial/Interglacial Periods"（NCDC/NOAA）．

"Holocene Climatic Optimum"（Wikipedia，accessed 6 June 2022）．

"Warm Periods"（climate．gov）．

第三章

Aengenheyster，Matthias，et al. 2018．"The Point of No Return for Climate Action：Effects of Climate Uncertainty and Risk Tolerance．" *Earth System Dynamics* 9：1085 – 95．Open access. https://doi. org/10. 5194/esd-9-1085-2018.

Alley, Richard B. et al. N. d. The Pennsylvania State University, Earth 104: Energy and the Environment, Module 5, "The Vostok Ice Core." https://www. e-education. psu. edu/ earth104/node/1267 (Creative Commons License).

Arrhenius, Gustav. 1896. "On the Influence of Carbonic Acid in the Air upon the Temperature of the Ground." *Philosophical Magazine and Journal of Science* 5, no. 41: 237 - 76. https:// www. rsc. org/images/Arrhenius1896_tcm18173546. pdf.

Edwards, Paul N. 2011. "History of Climate Modeling." *WIRES Climate Change* 2, no. 1: 128 - 39. https:// deepblue. lib. umich. edu/bitstream/handle/2027. 42/ 79438/ 95_ftp. pdf.

EPA. 2022. US Environmental Protection Agency, "Causes of Climate Change," February. https://www. epa. gov/climate-change-science/causesclimate-change.

Fairbank, Viviane. 2021. "Climate Science Is a Fact." *Globe and Mail*, 30 October. https://www. theglobeandmail. com/opinion/article-climatechange-is-a-fact-but-to-prove-it-scientists-are-bogged-down-in/.

"How Do Climate Models work?" (CarbonBrief, 2018). https://www. carbonbrief. org/qa-how-do-climate-models-work.

Intergovernmental Panel on Climate Change (IPCC). 2007. *AR4*

Climate Change 2007: The Physical Science Basis. (Chapter 1: "Historical Overview of Climate Change Science.") https://www. ipcc. ch/site/assets/uploads/2018/03/ar4-wg1-chapter1. pdf.

– 2021. *Climate Change 2021: The Physical Science Basis. Summary for Policymakers.* https://www. ipcc. ch/report/ar6/ wg1/downloads/report/ipcc_ar6_WGI_spm. pdf.

Lindsey, Rebecca. 2020. "Climate Change: Atmospheric Carbon Dioxide." https://www. climate. gov/news-features/understanding-climate/climatechange-atmospheric-carbon-dioxide.

NAP. 2020. US, National Academies Press, *Climate Change: Evidence and Causes: Update* 2020. https://nap. nationalacademies. org/download/25733.

National Research Council. 1979. *Carbon Dioxide and Climate: A Scientific Assessment.* Washington, DC: The National Academies Press. http://nap. edu/12181.

Revelle, Roger, and Hans E. Suess. 1957. "Carbon Dioxide Exchanges between Atmosphere and Ocean and the Question of an Increase of Atmospheric CO2 during the Past Decades." *Tellus* 9, no. 1: 18 – 27. Open access. https://www. tandfonline. com/doi/ pdf/10. 3402/tellusa. v9i1. 9075.

Rodhe, Robert. 2021. "Global Temperature Report 2021." Berkeley Earth. http://berkeleyearth. org/global-temperature-report-for-2021.

Schmidt, Gavin. 2014. "The Emergent Patterns of Climate Change." TED Talk. https://www. ted. com/talks/gavin _ schmidt_the_emergent_patterns_of_ climate_change.

Semeniuk, Ivan. 2021a. "Humans Are, Beyond Any Reasonable Scientific Doubt, the Primary Cause of Climate Change, un Report Says." *Globe and Mail*, 9 August. https://www. theglobeandmail. com/canada/article-humansto-blame-for-acceleration-in-climate-change-report/.

Steffen, Will, et al. 2018. "Trajectories of the Earth System in theAnthropocene" and "Appendix: Supporting Information: Holocene Variability and Anthropocene Rates of Change." *Proceedings of the National Academy of Sciences* 115, no. 33 (14 August), 8252 – 9. Open access. https://www. pnas. org/content/115/33/8252.

United States. NASA. 2021. "The Causes of Climate Change." https://climate. nasa. gov/causes/.

United States. National Academy of Sciences. 1979. *Carbon Dioxide and Climate: A Scientific Assessment*. Washington, DC: The National Academies Press. http://nap. edu/12181.

Wagner,Gernot, and Richard J. Zeckhauser. 2018. "Confronting Deep and Persistent Climate Uncertainty." Harvard University, HKS Faculty Research Working Paper RWP 16-025. https://www. hks. harvard. edu/publications/confronting-deep-and-persistent-climate-uncertainty.

主题词和推荐网站

"History of Climate Change Science"（Wikipedia, accessed 6 June 2022）.

"Greenhouse Effect"（Wikipedia, accessed 6 June 2022）.

第四章

Anderegg, W. R. L., et al. 2010. "Expert Credibility in Climate Change." *Proceedings of the National Academy of Sciences* 107, no. 27（6 July）: 12107–9. Open access. https://www.pnas.org/content/pnas/107/27/12107.full.pdf.

Bar-On, Y. M., et al. 2018. "The Biomass Distribution on Earth." *Proceedings of the National Academy of Sciences* 115, no. 25（19 June）: 6506–11. Open access. https://www.pnas.org/content/pnas/115/25/6506.full.pdf.

Carlton, J. S., et al. 2015. "The Climate Change Consensus Extends beyond Climate Scientists." *Environmental Research Letters* 10（2015）: 094025. Open access. https://iopscience.iop.org/article/10.1088/1748-9326/10/9/094025/pdf.

Climate Action Tracker（CAT）. 2021. "Glasgow's 2030 Credibility Gap." November. https://climateactiontracker.org/documents/997/CAT _ 2021-11-09 _ Briefing _ Global-Update _ Glasgow2030CredibilityGap.pdf.

Cook, John, et al. 2013. "Quantifying the Consensus on Anthropogenic Global Warming in the Scientific Literature." *Environmental Research Letters* 8 (2013): 024024 (7pp.) Open access. https://iopscience. iop. org/article/10. 1088/1748-9326/8/2/024024/pdf.

— 2016. "Consensus on Consensus: A Synthesis of Consensus Estimates on Human-Caused Global Warming." *Environmental Research Letters* 11 (2016): 048002. Open access. https://iopscience. iop. org/article/10. 1088/1748-9326/11/4/048002/pdf.

Doran, P. T. , and M. K. Zimmerman. 2009. "Examining the Scientific Consensus on Climate Change." *Eos* 90, no. 3 (20 January). Open access. https://agupubs. onlinelibrary. wiley. com/doi/epdf/10. 1029/2009EO030002.

Leiss, William, and Stephen Hill. 2002. "Why Canada Should Ratify the Kyoto Protocol." *Calgary Herald*, 11, 12, and 13 April. http://leiss. ca/wp-content/uploads/2009/12/Why-Canada-should-ratify-Kyoto. pdf.

— "Kyoto Protocol Archive." http://leiss. ca/? page_id=144.

Smil, Vaclav. 2012. *Harvesting the Biosphere*. Cambridge, MA: MIT Press.

Verheggen, Bart, et al. 2014. "*Scientists'* Views about Attribution of Global Warming." *Environmental Science and Technology* 48: 8963 – 71. Open access. https://pubs. acs. org/doi/pdf/

10. 1021/es501998e.

Xu, Chi, et al. 2020. "Future of the Human Climate Niche." *Proceedings of the National Academy of Sciences* 117, no. 21 (14 August): 11350 - 5. Open access. https://www. pnas. org/content/pnas/117/21/11350. full. pdf.

第五章

Black, Richard, et al. 2021. *Taking Stock: A Global Assessment of Net Zero Targets*. Energy and Climate Intelligence Unit and Oxford Net Zero. https://eciu. net/analysis/reports/2021/taking-stock-assessment-net-zero-targets.

Canada. 2021. Bill C-12, "Net-Zero Emissions Accountability Act." https://www. parl. ca/DocumentViewer/en/43-2/bill/C-12/royal-assent.

- 2021. Environment and Climate Change Canada. *Greenhouse Gas Emissions*. https://www. canada. ca/en/environment-climate-change/services/environmental-indicators/greenhouse-gas-emissions. html.

CarbonBrief. https://www. carbonbrief. org/the-carbon-brief-profile-canada.

Climate Action Tracker. https://climateactiontracker. org/countries/canada/.

Our World in Data. https://ourworldindata. org/co2/country/canada? country = ~ CAN.

Gattinger, Monica. 2021. "What the IEA's Net Zero by 2050 Report Means for Canada." *Daily Oil Bulletin*, 25 May. https://www. dailyoilbulletin. com/article/2021/5/25/what-the-ieas-net-zero-by-2050-report-means-for-ca/.

Grubb, Michael. 2016. "Full Legal Compliance with the Kyoto Protocol's First Commitment Period —Some Lessons." *Climate Policy* 16, no. 6: 673 - 81. Open access. https://doi. org/10. 1080/14693062. 2016. 1194005.

International Energy Agency. 2021b. *Net Zero by 2050: A Roadmap for the Global Energy Sector* (May). https://www. iea. org/reports/net-zero-by-2050.

Kyoto Protocol. 2021. https://unfccc. int/resource/docs/convkp/kpeng. pdf andhttps://unfccc. int/kyoto_protocol.

Leiss, William, Michael Tyshenko, Patricia Larkin, and Daniel Krewski. 2020. "Treaty Framing and Climate Science: Challenges in Managing the Risks of Global Warming." Open access. https://dataverse. harvard. edu/dataset. xhtml? persistentId = doi:10. 7910/DVN/2SUI27.

Maciunas, Silvia, and Géraud de Lassus Saint-Geniès. 2018. *The Evolution of Canada's International and Domestic Climate Policy: From Divergence to Consistency?* Open access. https://www. cigionline. org/sites/default/files/documents/Reflections%

20Series%20Paper%20no. 21%20Maciunas. pdf.

National Round Table on the Environment and the Economy. 2021. "Canada's Emissions Story." http://nrt-trn. ca/chapter-2-canadas-emissions-story.

Pisani-Ferry, Jean. 2021. "Climate Policy Is Macroeconomic Policy, and the Implications Will Be Significant." August. https://www. piie. com/system/ files/documents/pb21-20. pdf.

Royal Bank of Canada (RBC). 2021. "The $2 Trillion Transition: Canada's Road to Net-Zero." (October). https://royal-bank-of-canada-2124. docs. contently. com/v/the-2-trillion-transition-canadas-road-to-net-zero-pdf.

Thompson, Helen. 2022. "It's Not Just High Oil Prices, It's a Full-Blown Energy Crisis." *New York Times*, 23 April. https://www. nytimes. com/2022/04/23/opinion/oil-gas-energy-prices-russia-ukraine. html.

Toronto Conference. 1988. "The Changing Atmosphere: Implications for Global Security." Conference statement. http://cmosarchives. ca/History/ChangingAtmosphere1988e. pdf.

Trottier Energy Institute/Institut de l'é nergie Trottier. 2021. *Canadian Energy Outlook 2021: Horizon 2060* (October). https://iet. polymtl. ca/wp-content/uploads/delightful-downloads/CanadianEnergyOutlook2021. pdf.

United States Environmental Protection Agency (EPA).

2021. *Inventory of U. S. Greenhouse Gas Emissions and Sinks*, *1990—2019*. https：//www. epa. gov/ ghgemissions/inventory-us-greenhouse-gas-emissions-and-sinks.

United Nations. 2021. *United Nations Framework Convention on Climate Change* [UNFCCC]. https：//unfccc. int/resource/docs/convkp/conveng. pdf.

Wright，David V. 2020. "Bill C-12, Canadian Net-Zero Emissions Accountability Act：*A Preliminary Review*" (November 23)，online：ABlawg. http://ablawg. ca/wp-content/uploads/2020/11/Blog_DVW_Bill_C12. pdf.

第六章

Canada. Office of the Auditor General. 2018. *Perspectives on Climate Change Action in Canada.* https：//www. oag-bvg. gc. ca/internet/English/parl_ otp_201803_e_42883. html.

Canada. 2019. *Fourth Biennial Report on Climate Change. Environment and Climate Change.* https：//unfccc. int/sites/default/files/resource/br4_ final_en. pdf.

－2020. *National Inventory Report*，*1990－2018*. https：//unfccc. int/documents/ 224829.

－2021. *References re Greenhouse Gas Pollution Pricing Act.* https：//decisions. scc-csc. ca/scc-csc/scc-csc/en/item/18781/index. do.

Chalifour，Nathalie J. 2016. "Canadian Climate Federalism：

Parliament's Ample Constitutional Authority to Legislate GHG Emissions through Regulations, a National Cap and Trade Program, or a National Carbon Tax. " *National Journal of Constitutional Law* 36 (331). Open access. https://papers. ssrn. com/sol3/papers. cfm? abstract_id = 2775370.

Doelle, Meinhard. 2019. "The Heart of the Paris Rulebook: Communicating NDCs and Accounting for Their Implementation. " *Climate Law* 9 (3). Open access, SSRN. https://papers. ssrn. com/sol3/papers. cfm? abstract_id = 3332792.

European Commission, Emissions Database for Global Atmospheric Research [EDGAR]. 2020. *Fossil CO_2 Emissions of All World Countries 2020 Report*. https://publications. jrc. ec. europa. eu/ repository/handle/JRC121460.

Friedlingstein, P. , et al. 2020. "Global Carbon Budget 2020. " *Earth System Science Data* 12: 3269 – 340. Open access. https://doi. org/10. 5194/essd-12-3269-2020.

Global Energy Monitor. 2021a. "China Dominates 2020 Coal Plant Development. " February. https://globalenergymonitor. org/wp-content/uploads/2021/02/China-Dominates-2020-Coal-Development. pdf.

2021b. "Boom and Bust: Tracking the Global Coal Plant Pipeline. " April. https://globalenergymonitor. org/wp-content/ uploads/2021/04/BoomAndBust_2021_final. pdf.

Hof, A. E. , et al. 2017. "Global and Regional Abatement Costs of NationallyDetermined Contributions (NDCS) and of Enhanced Action to Levels Well Below 2 ℃ and 1. 5 ℃. " *Environmental Science & Policy* 71: 30—40. Open access. https://doi. org/10. 1016/j. envsci. 2017. 02. 008.

International Energy Agency. 2021a. *Global Energy Review 2021.* April. https://www. iea. org/reports/global-energy-review-2021.

－2021c. *Sustainability Recovery Tracker.* October. https:// www. iea. org/reports/ sustainable-recovery-tracker.

－2021d. *Coal 2021: Analysis and Forecast to 2024.* December. https://iea. blob. core. windows. net/assets/f1d724d4-a753-4336-9f6e-64679fa23bbf/Coal2021. pdf.

Karlsson-Vinkhuyzen, Sylvia I. , et al. 2017. "Entry into Force and Then? The Paris Agreement and State Accountability. " *Climate Policy* 18, no. 5: 593－9. Open access. https://www. tandfonline. com/doi/full/10. 1080/14693062. 2017. 1 331904.

Leiss, William, Michael Tyshenko, Patricia Larkin, and Daniel Krewski. 2020. "Treaty Framing and Climate Science: Challenges in Managing the Risks of Global Warming. " *International Journal of Global Environmental Issues* 19, nos. 1/2/3: 273－93. Open access. https://www. inderscience. com/info/ inarticle. php? artid=114882.

Lenton, Timothy, et al. 2019. "Climate Tipping Points —

Too Risky to Bet Against. " *Nature* 575 (28 November): 592 – 6. Open access. https://media. nature. com/original/magazine-assets/d41586-019-03595-0/d41586-019-03595-0. pdf.

Mooney, Chris, et al. 2021. "Countries' Climate Pledges Based on Flawed Data. " *Washington Post*, 7 November. https:// www. washingtonpost. com/climate-environment/interactive/ 2021/greenhouse-gas-emissions-pledges-data/? itid = sn _ climate% 20&%20environment_4/.

New Climate Institute et al. 2021. *Greenhouse Gas Mitigation Scenarios for Major Emitting Countries.* https://www. pbl. nl/ sites/default/files/downloads/pbl-new-climate-institute-iiasa-2021- ghg-mitigation-scenarios-for-major-emitting-countries-2021-update _ 4527. pdf.

Olivier, J. G. J. , and J. A. H. W. Peters. 2020. *Trends in Global CO₂ and Total Greenhouse Gas Emissions* . PBL Netherlands Environmental Assessment Agency, December. https:// www. pbl. nl/en/publications/trends-in-global-co2-and-total- greenhouse-gas-emissions-2020-report.

Peters, Glen P. , et al. 2015. "Measuring a Fair and Ambitious Climate Agreement Using Cumulative Emissions. " *Environmental Research Letters* 10: 105004. Open access. https://iop- science. iop. org/article/10. 1088/ 1748-9326/10/10/105004.

— 2019. "Carbon Dioxide Emissions Continue to Grow Amidst

Slowly Emerging Climate Policies. " *Nature Climate Change* 10: 3 - 6. https://doi. org/10. 1038/s41558-019-0659-6.

Popovich, Nadia, and Brad Plumer. 2021. "Who Has the Most Historical Responsibility for Climate Change?' *New York Times*, 12 November. https://www. nytimes. com/interactive/ 2021/11/12/climate/cop26-emissions-compensation. html.

Ritchie, Hannah, and Max Roser. 2021. "CO_2 and Greenhouse Gas Emissions: Annual CO_2 Emissions by World Region. " *Our World in Data.* https://ourworldindata. org/co2-and-other-greenhouse-gas-emissions.

United Nations Framework Convention on Climate Change (UNFCCC). 2008. *Kyoto Protocol Reference Manual.* https:// unfccc. int/resource/docs/publications/08 _ unfccc _ kp _ ref _ manual. pdf.

- 2021. "Nationally-Determined Contributions under the Paris Agreement: Synthesis Report by the Secretariat. " 17 September. https://unfccc. int/sites/default/files/resource/cma2021 _ 08 _ adv. pdf.

Vinichenko, V. , et al. 2021. "Historical Precedents and Feasibility of Rapid Coal and Gas Decline Required for the 1. 5C Target. " *One Earth* 4 (October 22): 1477 - 90. Open access. https:// www. cell. com/one-earth/pdf/S2590- 3322(21)00534-0. pdf.

第七章

Bank for International Settlements（BIS）. 2020. *The Green Swan：Central Banking and Financial Stability in the Age of Climate Change*. https://www. bis. org/publ/othp31. htm.

Bataille, Chris. 2018. "A Review of Technology and Policy Deep Carbonization Pathways for Making Energy-Intensive Industry Production Consistent with the Paris Agreement. " *Journal of Cleaner Production* 187：960 – 73. Open access. https://epub. wupperinst. org/frontdoor/deliver/index/docId/6984/file/6984 _ Bataille. pdf.

Belfer Center for Science and International Affairs. 2019. *Governance of the Deployment of Solar Geoengineering*. Open access. https://www. belfercenter. org/publication/governance-deployment-solar-geoengineering.

Bernstein, Steven, and Matthew Hoffmann. 2018. "Decarbonization：The Politics of Transformation. " Chapter 14 in *Governing Climate Change*, edited by A. Jordan et al. , 248 – 65. Cambridge： Cambridge University Press. Open access. https://link. springer. com/article/10. 1007/s11077-018-9314-8.

BlackRock, Inc. "Our 2021 Stewardship Expectations. " https://www. blackrock. com/corporate/literature/fact-sheet/blk-responsible-investment-engprinciples-global. pdf.

Boettcher, Miranda, and Stefan Schäfer, eds. 2017. "Crutzen + 10: Reflecting on 10 Years of Geoengineering Research." Special issue. *Earth's Future* 5. https://agu- pubs. onlinelibrary. wiley. com/doi/toc/10. 1002/(ISSN) 2328-4277. GEOENGIN1.

Canadian Institute for Climate Choices (CICC). 2020. *Expert Assessment of Climate Pricing Systems*. https://publications. gc. ca/collections/ collection_2021/eccc/En4-434-2021-eng. pdf.

Carlarne, Cinnamon. 2014. "Delinking International Law and Climate Change." *Michigan Journal of Environmental and Administrative Law* 4, no. 1: 1 - 60. Open access. https://repository. law. umich. edu/cgi/viewcontent. cgi? article = 1029&context = mjeal.

Coyne, Andrew. 2021a. "A Higher Carbon Price Could Get Us to Paris on Its Own at Much Less Cost to the Economy." *Globe and Mail*, 27 November. https://www. theglobeandmail. com/opinion/article-a-higher-carbon-price-could-get-us-to-paris-on-its-own-at-much-less/.

Deep Decarbonization Pathways Project. 2015a. *Pathways to Deep Decarbonization 2015 Report*, SDSN—IDDRI. https://www. iddri. org/en/publications-and-events/report/pathways-deep-decarbonization-2015-synthesis-report.

Environment and Climate Change Canada (ECCC). 2018.

"Estimated Results of the Federal Carbon Pollution Pricing System." https://www. canada. ca/content/dam/eccc/documents/pdf/reports/estimated-impacts-federalsystem/federal-carbon-pollution-pricing-system_en. pdf.

— 2020. *Pan-Canadian Approach to Pricing Carbon Pollution: Interim Report, 2020.* https://publications. gc. ca/collections/collection_2021/eccc/En4-423-1-2021-eng. pdf.

Gertner, Jon. 2021. "Has the Carbontech Revolution Begun?" *New York Times*, 23 June. https://www. nytimes. com/2021/06/23/magazine/interfacecarpet-carbon. html.

"Global Climate Action Needs Trusted Financial Data." 2021. *Nature* 589 (7 January). https://media. nature. com/original/magazine-assets/d41586-020-03646-x/d41586-020-03646-x. pdf.

International Energy Agency (IEA). 2021e. *Financing Clean Energy Transitions in Emerging and Developing Economies.* https://www. iea. org/reports/financing-clean-energy-transitions-in-emerging-and-developing-economies.

International Journal of Risk Assessment and Management (IJRAM). 2019. *Risk Assessment and Risk Management of Geologic Storage of Carbon.* Open access. https://www. inderscience. com/info/inarticletoc. php? jcode = ijram&year = 2019&vol = 22&issue = 3/4.

Jiang, X., et al. 2018. "Global Rules Mask the Mitigation Challenge Facing Developing Countries." *Earth's Future* 7. Open access. https://agupubs. onlinelibrary. wiley. com/doi/epdf/ 10. 1029/2018EF001078.

Lawrence, Mark G., et al. 2018. "Evaluating Climate Geoengineering Proposals in the Context of the Paris Agreement Temperature Goals." *Nature Communications* 9: 3734. Open access. https:// www. nature. com/articles/s41467-018-05938-3.

Leiss, William. 2019. "A Global Decarbonization Bond." *Environmental Research Letters* 14: 091003. Open access. https:// iopscience. iop. org/ article/10. 1088/1748-9326/ab396f.

Lewis, S. L., et al. 2019. "Assessing Contributions of Major Emitters' Paris − Era Decisions to Future Temperature Extremes." *Geophysical Research Letters* 10. 1029/2018GL081608: 3936 − 43. Open access. https://agupubs. onlinelibrary. wiley. com/doi/full/10. 1029/2018GL081608.

McEvoy, David M., and Todd L. Cherry. 2016. "The Prospects for Paris: Behavioral Insights into Unconditional Cooperation on Climate Change." *Palgrave Communications* 2: 16056. Open access. https://www. nature. com/articles/palcomms201656.

Martin-Roberts, E., et al. 2021. "Carbon Capture and Storage at the End of a Lost Decade." *One Earth* 4 (19 November): 1 − 16. Open access. https://www. cell. com/action/showPdf?

pii=S2590-3322%2821%2900541-8.

National Academies Press（NAP）. 2019. *Negative Emissions Technologies and Reliable Sequestration: A Research Agenda.* http://nap. naptionalacademies. org/download/25259.

Oxfam. 2020. *Climate Finance Shadow Report, 2020.* https://oxfamilibrary. openrepository. com/bitstream/handle/10546/621066/bp-climate-finance-shadow-report-2020-201020-en. pdf.

Renforth, Phil, and Jennifer Wilcox. 2020. *The Role of Negative Emissions Technologies in Addressing our Climate Goals*（ebook）, *Frontiers in Climate*, 28 January 2020. https://www. frontiersin. org/research-topics/9752/the-role-of-negative-emission-technologies-in-addressing-our-climate-goals.

Rennert, Kevin, et al. 2021. *The Social Cost of Carbon.* Brookings Papers on Economic Activity, Working Paper（9 September）. https://www. brookings. edu/wpcontent/uploads/2021/09/Social-Cost-of-Carbon_Conf-Draft. pdf.

Ritchie, Hannah. 2017. "How Much Will It Cost to Mitigate Climate Change?" *Our World in Data*（blog post）, 27 May. https://ourworldindata. org/how-much-will-it-cost-to-mitigate-climate-change.

Rivers, Nicholas, and Randall Wigle. 2018. "Reducing Greenhouse Gas Emissions in Transport: All in One Basket?" *School of Public Policy Publications* 11, no. 5（February）. https://

papers．ssrn．com/sol3/papers．cfm? abstract_id＝3116331．

"Statement by Eighteen Countries at Paris in September 2015．" https://unfccc．int/news/18-industrial-states-release-climate-finance-statement．

United Nations（UN）. 2020. *Delivering on the $100 Billion Climate Finance Commitment and Transforming Climate Finance*. December．https://www．un．org/sites/un2．un．org/files/climate_finance_report．pdf.

－2021．*Climate Finance Delivery Plan*. 25 October．https://uk-cop26．org/wp-content/uploads/2021/10/Climate-Finance-Delivery-Plan-1．pdf.

United Nations Framework Convention on Climate Change（UNFCCC）. 2018．Talanoa Dialogue "Call for Action．" https://unfccc．int/sites/default/files/resource/Talanoa%20Call%20for%20Action．pdf.

United States，National Academies Press. 2021．*Accelerating Decarbonization of the U．S. Energy System*．https://www．nap．edu/download/25932．

－2021. *Reflecting Sunlight: Recommendations for Solar Geoengineering Research and Research Governance*．https://www．nap．edu/catalog/25762/reflecting-sunlight-recommendations-for-solar-geoengineering-research-and-research-governance.

Victor，David G．，et al. 2009．"The Geoengineering Option." *Foreign Affairs*, March/April. Open access. https://fsi-live. s3. us-west-1. amazonaws. com/s3fs-public/The_Geoengineering_Option. pdf.

Wagner, G., et al. 2021. "Eight Priorities for Counting the Social Cost of Carbon." *Nature* 590. Open access. https://media. nature. com/original/magazine-assets/d41586-021-00441-0/d41586-021-00441-0. pdf.

World Resources Institute (WRI). 2021a. *A Breakdown of Developed Countries' Public Climate Finance Contributions towards the $ 100 Billion Goal*. October. https://files. wri. org/d8/s3fs-public/2021-10/breakdown-developed-countries-public-climate-finance-contributions-towards-100-billion. pdf.

主题词及推荐网站

"CO_2 and Greenhouse Gas Emissions" (Our World in Data).

"Generation IV Nuclear Reactor."

"Molten Salt Reactor" (Terrestrial Energy [Canada]).

"Stratospheric Aerosol Injection" (Wikipedia).

Carbonengineering. com.

第八章

减缓

Auditor General of Canada. 2021. *Lessons Learned from Canada's Record on Climate Change*. Report of the Commissioner of the Environment and Sustainable Development. https://www. oag-bvg. gc. ca/internet/English/parl_cesd_202111_05_e_43898. html.

2022. *2022 Reports 1 to 5 of the Commissioner of the Environment and Sustainable Development*. https://www. oag-bvg. gc. ca/internet/English/parl_cesd_202204_e_44020. html.

Barecka, M. , et al. 2021. "Carbon Neutral Manufacturing via On-Site CO2 Recycling." *iScience* 24 (June 25): 102514. Open access. https://www. cell. com/iscience/pdf/S2589-0042(21)00482-X. pdf.

Beugin, Dale. 2020. "Canada's New Climate Plan Is a Big Deal —Here's Why." Canadian Institute for Climate Choices. 11 December. https://climate-choices. ca/canadas-climate-plan/.

Boyce, Mark S. 2021. "Mimic the Bison: Why We Should Bury Carbon Tax Revenues in Soil." *Globe and Mail*, 5 May. https://www. theglobeandmail. com/canada/article-mimic-the-bison-why-we-should-bury-carbon-tax-revenues-in-soil/.

Canada. 2021. "Canada's 2021 Nationally Determined Contribution under the Paris Agreement." https://www4. unfccc. int/sites/ndcstaging/PublishedDocuments/Canada% 20First/Canada's%20Enhanced%20ndc%20Submission1_FINAL%20EN. pdf.

Canada Energy Regulator (CER). 2020. *Canada's Energy Future 2020*. https://www. cer-rec. gc. ca/en/data-analysis/canada-energy-future/2020/canada-energy-futures-2020．pdf．

－2021. *Canada's Energy Future 2021.* https：//www．cer-rec．gc．ca/en/data-analysis/canada-energy-future/2021/canada-energy-futures-2021. pdf．

Canada. Environment and Climate Change Canada. 2020．*Canada's National Report on Black Carbon and Methane.* http：//publications．gc．ca/collections/collection＿2021/eccc/En11-18-2021-eng．pdf．

－2020．*A Healthy Environment and a Healthy Economy.* https：//www．canada．ca/en/services/environment/weather/climat-echange/climate-plan/climate-plan-overview/healthy-environment-healthy-economy．html．

－2020．*Modelling and Analysis of "A Healthy Environment and a Healthy Economy."* https：//www．canada．ca/content/dam/eccc/documents/pdf/ climate-change/climate-plan/annex ＿modelling_analysis_healthy_environment_healthy_economy．pdf．

－2020．*National Inventory Report, 1990－2018: Greenhouse Gas Sources and Sinks in Canada*, Parts 1, 2, 3. https：//unfccc．int/documents/224829．

－2020．*Progress towards Canada's Greenhouse Gas Emissions Reduction Target.* https：//www．canada．ca/content/dam/eccc/documents/pdf/cesindicators/progress-towards-canada-greenhouse-gas-reduction-target/2020/ progress-ghg-emissions-reduction-target．pdf．

– 2021. *Canada's Greenhouse Gas and Air Pollutant Emissions Projections* 2020. http://publications. gc. ca/collections/collection_2021/eccc/En1-78-2020-eng. pdf.

– 2021. *Progress towards Canada's Greenhouse Gas Emissions Reduction Target.* https://www. canada. ca/content/dam/eccc/documents/pdf/cesindicators/progress-towards-canada-greenhouse-gas-reduction-target/2021/progress-ghg-emissions-reduction-target. pdf.

– 2022. *National Inventory Report 1990 – 2019: Greenhouse Gas Sources and Sinks in Canada, Executive Summary* 2022. https://www. canada. ca/en/environment-climate-change/services/climate-change/greenhouse-gas-emissions/sources-sinks-executive-summary 2022. html.

Canada. Farmers for Climate Solutions. 2021. "A Down Payment for a Resilient Farm Future: Budget 2021 Recommendation. " https://farmersforclimatesolutions. ca/budget-2021-recommendation/#programs.

Canada. Net-Zero Advisory Body. 2021. "Net-Zero Pathways: Initial Observations. " June. https://nzab2050. ca/publications.

Clean Prosperity. 2021. *Assessing the 2021 Federal Liberal Climate Plan.* https://cleanprosperity. ca/wp-content/uploads/2021/10/Clean _ Prosperity _ LPC _ Climate _ Policy _ Report _ 2021. pdf.

Climate Action Tracker. "NDC Ratings and LULUCF. " Accessed 6 June 2022. https://climateactiontracker. org/methodology/indc-ratings-and-lulucf/.

Coyne, Andrew. 2021b. "Is Carbon Pricing Liberal Policy?" *Globe and Mail*, 5 November. https://www. theglobeandmail. com/opinion/article-is-carbon-pricing-liberal-policy-for-the-most-part-its-anything-but/.

Drever, C. Ronnie, et al. 2021. "Natural Climate Solutions for Canada." *Science Advances* 7. Open access. https://advances. sciencemag. org/content/advances/7/23/eabd6034. full. pdf.

Emissions Database for Global Atmospheric Research (EDGAR). European Commission. 2021. *ghg Emissions of All World Countries 2021* Report. https://edgar. jrc. ec. europa. eu/report_2021.

Environment and Climate Change Canada (ECCC). 2022. *Canada's 2030 Emissions Reduction Plan.* https://www. canada. ca/content/dam/eccc/documents/pdf/climate-change/erp/Canada-2030-Emissions-Reduction-Plan-eng. pdf.

Friedlingstein, P. , et al. 2021. "Global Carbon Budget 2021." *Earth System Science Data.* Open access. https://doi. org/10. 5194/essd-2021-386.

Fyson, C. L. , and M. L. Jeffery. 2019. "Ambiguity in the Land Use Component of Mitigation Contributions toward the Paris Agreement Goals." *Earth's Future* 7: 873 - 91. Open access. https://agupubs. onlinelibrary. wiley. com/doi/pdf/10. 1029/2019EF001190.

Gelles, David. 2022. "A Fight over America's Energy Future Erupts on the Canadian Border." *New York Times*, 6 May. https://www. nytimes. com/2022/05/06/climate/hydro-quebec-maine-clean-energy. html.

Government of Alberta. 2021. "Public Inquiry into Anti-Alberta Energy Campaigns." Comment by MartinOlszynski. http://ablawg. ca/wp-content/uploads/2021/01/Blog_MO_Public_Inquiry_AAEC. pdf.

Harris, L. I. , et al. 2021. "The Essential Carbon Service Provided by Northern Peatlands." *Frontiers in Ecology and the Environment* 20, no. 4: 222 – 30. Open access. https://esajournals. onlinelibrary. wiley. com/doi/epdf/10. 1002/fee. 2437.

Hughes, Larry. 2021. "How Canada Intends to Achieve Its 2030 Emissions Targets." *Policy Options*, July 2021. https://policyoptions. irpp. org/magazines/july-2021/how-canada-intends-to-achieve-its-2030-emissions-targets/.

Jaccard, Mark, and Bradford Griffin. 2021. *A Zero-Emission Canadian Electricity System by 2035.* David Suzuki Foundation. August. https://davidsuzuki. org/wp-content/uploads/2021/08/Jaccard-Griffin-Zero-emission-electricity-DSF-2021. pdf.

Jackson, R. B. , et al. 2021. "Global Fossil Carbon Emissions Rebound Near Pre covid-19 Levels." *Environmental Research Letters*

17, no. 3. Open access. https://iopscience. iop. org/article/10. 1088/1748-9326/ac55b6.

McClearn, Matthew. 2021. "Canada's First New Nuclear Reactor in Decades Is an American Design. " *Globe and Mail*, 26 December. https://www. theglobeandmail. com/business/article-canadas-first-new-nuclear-reactor-in-decades-is-an-american-design/.

Miller, S. A. , et al. 2021. "Achieving Net Zero Greenhouse Gas Emissions in the Cement Industry via Value Chain Mitigation Strategies. " *One Earth* 4, no. 9 (October 22): 1398 – 1411. Open access. https://www. cell. com/one-earth/ pdf/ S2590-3322 (21) 00533-9. pdf.

Plumer, B. , and N. Popovich. 2021. "Yes, There Has Been Progress on Climate. No, It's Not Nearly Enough. " *New York Times*, 25 October. https://www. nytimes. com/interactive/2021/10/25/climate/world-climate-pledges-cop26. html.

Princeton University. 2021. *Net-Zero America*: Final Report Summary. 29 October. https://acee. princeton. edu/ rapidswitch/projects/net-zeroamerica-project/.

Reguly, Eric. 2021. "The Government's 2035 Electrical Vehicle Mandate Is Delusional. " *Globe and Mail*, 3 July. https://www. theglobeandmail. com/business/commentary/article-the-governments-2035-electric-vehiclemandate-is-delusional/.

Rissman, Jeffrey, et al. 2020. "Technologies and Policies to

Decarbonize Global Industry: Review and Assessment of Mitigation Drivers through 2070. " *Applied Energy* 266: 114848. Open access. https://www. sciencedirect. com/science/article/ pii/S0306261920303603.

-Supplementary Material (graphics) . https://ars. els-cdn. com/content/image/s2. 0-S0306261920303603-fx1_lrg. jpg.

Royal Bank of Canada (RBC). 2021. *The $ 2 Trillion Transition: Canada's Road to Net-Zero.* October. https://royal-bank-of-canada-2124. docs. contently. com/v/the-2-trillion-transition-cana-das-road-to-net-zero-pdf.

SEI (SEI, IISD, ODI, E3G, AND UNEP). 2021. *The Production Gap Report 2021.* http://productiongap. org/2021report.

Semeniuk, Ivan. 2021b. "What Lies Beneath: Exploring Canada's Invisible Carbon Storehouse. " *Globe and Mail*, 10 Novem-ber. https://www. theglobeandmail. com/canada/article-what-lies-beneath-exploring-canadasinvisible-carbon-storehouse/.

Smil, Vaclav. 2022. "This Eminent Scientists Says Climate Activists Need to Get Real. " Interview by David Marchese. *New York Times Magazine*, 25 April. https://www. nytimes. com/interac-tive/2022/04/25/magazine/vaclavsmil-interview. html.

Sothe, C. , et al. 2021. "Large Soil Carbon Storage in Terres-trial Systems in Canada. " *Global Biogeological Cycles.* Open access. https://doi. org/10. 1002/essoar. 10507117. 2.

Sothe, C. , et al. 2022. "Large Scale Mapping of Soil Organic Carbon Concentration with 3d Machine Learning and Satellite Observations. " *Geoderma* 405: 115402. Open access. https://doi. org/ 10. 1016/ j. geoderma. 2021. 115402.

Trottier Energy Institute/Institut de l'énergie Trottier. 2021. *Canadian Energy Outlook 2021: Horizon 2060* (October). https:// iet. polymtl. ca/wp-content/uploads/delightfuldownloads/CanadianEnergyOutlook2021. pdf.

United Nations *Environment Programme.* 2020. *Emissions Gap Report 2020.* https://www. unenvironment. org/ emissions-gap-report-2020.

– 2021. *Emissions Gap Report 2021.* https://www. unep. org/resources/ emissionsgap-report-2021.

United States. National Oceanic and Atmospheric Administration (NOAA). 2022. "Increase in Atmospheric Methane Set Another Record during 2021. " 7 April. https://www. noaa. gov/news-release/increase-in-atmosphericmethane-set-another-record-during-2021.

Vogl, V. , et al. 2021. "Phasing Out the Blast Furnace to Meet Global Climate Targets. " *Joule* 5 (October 20): 2646 – 62. Open access. https://www. cell. com/ joule/pdf/ S2542-4351 (21)00435-9. pdf.

Wesseling, J. H. , et al. 2017. "The Transition of Energy Intensive Processing Industries towards Deep Decarbonization: Characteristics and Implications for Future Research." *Renewable and Sustainable Energy Reviews* 79: 1301 – 13. Open access. https://www. sciencedirect. com / science/article/pii/ S1364032117307906.

Wildlife Conservation Society Canada (WCSC). 2021. "Northern Peatlands in Canada: An Enormous Carbon Storehouse." https://storymaps. arcgis. com/stories/19d24f59487b46f6a011dba140eddbe7.

World Meteorological Organization (WMO). 2021. *WMO Greenhouse Gas Bulletin*, No. 17 (25 October). https://reliefweb. int/report/world/wmo-greenhouse-gas-bulletin-state-greenhouse-gases-atmosphere-basedglobal-2.

World Resources Institute (WRI). 2021. *State of Climate Action 2021: Systems Transformations Required to Limit Global Warming to 1. 5°*. https://www. wri. org/research/state-climate-action-2021.

主题词及推荐网站

https://www. terrestrialenergy. com/.

影响和适应性

Arctic Institute. 2021. "Climate Change and Geopolitics: Monitoring of a Thawing Permafrost." https://www. thearcticinstitute. org/climate-changegeopolitics-monitoring-thawing-permafrost/.

Berkeley Earth. 2021. "Actionable Climate Science for Policymakers: CountryLevel Warming Projections." http://berkeleyearth. org/policy-insights/？ mc _ cid = b99a9b467f&mc _ eid = 43ca8fffe8.

Burke, Marshall, et al. 2015. "Global Non-linear Effect of Temperature on Economic Production." *Nature* 527: 235 - 9. https://doi. org/10. 1038/nature15725. Available at http://em-iguel. econ. berkeley. edu/assets /miguel research/66/BurkeHsiang-Miguel2015. pdf.

– 2015. "Economic Impact of Climate Change on the World." Open access. https://web. stanford. edu/~mburke/climate/map. php.

Canada. 2022. Environment and Climate Change Canada. *Canada's Changing Climate Report 2022*. https://ftp. maps. canada. ca/pub/nrcan_rncan/publications/STPublications _PublicationsST/329/329703/gid_ 329703. pdf.

Canada. Library of Parliament. 2020. *Climate Change: Its Impacts and Policy Implications*. https://lop. parl. ca/staticfiles/Public Website/Home/ResearchPublications/BackgroundPapers/pdf/2019-46-e. pdf.

Diffenbaugh, Noah S. , and Marshall Burke. 2019. "Global Warming Has Increased Global Economic Inequality." *Proceedings of the National Academy of Sciences* 116, *no.* 20 (*May*): 9808 - 13. Open access. https://www. pnas. org/content/116/20/9808.

Heslin, Alison, et al. 2020. "Simulating the Cascading Effects of an Extreme Agricultural Production Shock: Global Implications of a Contemporary US Dust Bowl Event. " *Frontiers in Sustainable Food Systems*, 20 March. Open access. https://www. frontiersin. org/articles/10. 3389/fsufs. 2020. 00026/full.

Intergovernmental Panel on Climate Change（IPCC）. 2014. "Summary for Policymakers. " In *Climate Change 2014: Impacts, Adaptation and Vulnerability*. Cambridge: Cambridge University Press. https://www. ipcc. ch/site/assets/uploads/2018/02/ar5 _ wgII_spm_en. pdf.

Lustgarten, Abrahm. 2020. "How Russia Wins the Climate Crisis. " *New York Times Magazine*, 16 December. https://www. nytimes. com/interactive/2020/12/16/magazine/russia-cli-mate-migration-crisis. html.

－2021. *Arctic Report Card 2021*. https://arctic. noaa. gov/Por-tals/7/ArcticReportCard/Documents/ArcticReportCard _ full _ re-port2021. pdf.

Parfenova, Elena, et al. 2020. "Assessing Landscape Poten-tial for Human Sustainability and 'Attractiveness' across Asian Russia in a Warmer 21st Century. " *Environmental Research Letters* 14: 065004. Open access. https://iopscience. iop. org/article/10. 1088/1748-9326/ab10a8/pdf.

Pisor, Anne C. , and James H. Jones. 2020. "Human Adapta-tion to Climate Change. " *American Journal of Human Biology* 33, no. 4. Open access. https://onlinelibrary. wiley. com/doi/epdf/

10. 1002/ajhb. 23530.

Ritchie, Hannah. 2021. "Who Has Contributed Most to Global CO2Emissions?" *Our World in Data.* https://ourworldindata. org/ contributedmost-global-co2.

Ritchie, Hannah, and MaxRoser. 2021. "Canada's CO2 Country Profile." *Our World in Data.* https://ourworldindata. org /co2/ country/canada? country = ~CAN.

Rodriguez-Fernández, Laura, et al. 2020. "Allocation of Greenhouse Gas Emissions Using the Fairness Principle: A Multi-country Analysis." *Sustainability* 12 (14): 5839. Open access. https://www. mdpi. com/ 2071-1050/ 12/14/5839.

Sweet, W. V., et al. 2022. *Global and Regional Sea Level Rise Scenarios for the United States: Updated Mean Projections and Extreme Water Level Probabilities along U.S. Coastlines.* US National Oceanic and Atmospheric Administration. https://aambpublicocean-service. blob. core. windows. net/oceanserviceprod/hazards/sealevel-rise/noaa-nos-techrpt01-globalregional-SLR-scenarios-US. pdf.

United Nations Framework Convention on Climate Change (UNFCCC). 2021. *Nationally-Determined Contributions under the Paris Agreement: Synthesis Report by the Secretariat.* 17 September. https://unfccc. int/sites/default/files/resource/ cma2021_08_adv. pdf.

主题词及推荐网站

"Climate Change Mitigation"（Wikipedia）.

"Climate Change Adaptation"（Wikipedia）.

回顾与致谢

Warner, Gerry. 2018. "Time to End Climate Change Debate Says Oil Exec. " Op-ed, 9 June. *e-know. ca*. https://www. e-know. ca/regions/east-kootenay/time-to-end-climate-change-debate-says-oil-exec/.

附录 1

Bloomberg News. 2021. "The Chinese Companies Polluting the World More Than Entire Nations. " 24 October. https://www. bloomberg. com/ graphics/2021-china-climate-change-biggest-carbon-polluters/.

Rhodium Group. 2021. "China's Greenhouse Gas Emissions Exceeded the Developed World for the First Time in 2019. " 6 May. https://rhg. com/research/chinas-emissions-surpass-developed-countries/. See alsohttps://rhg. com/research/preliminary-2020-global-greenhouse-gas-emissions-estimates/.

回顾与致谢

在本书最后，我想以一些个人经历作为结尾。 1994—2005 年，我很荣幸地担任了两个外部资助项目的研究主席，第一个项目由女王大学牵头，第二个项目由卡尔加里大学牵头。项目的资助者包括联邦资助委员会以及加拿大化学和油气部门的大型公司。 我主持的这两个项目都是从风险管理与沟通的角度处理包括气候变化在内的环境问题。 我还记得，当时我与这两个部门的高级官员进行过多次对话，他们分别代表加拿大化学生产者协会（CCPA）与加拿大石油生产者协会（CAPP）。 我与这些资深的部门内部人士进行了一些有点让人烦躁的会议。 尽管他们对气候学相关的科学文献知之甚少，甚至不了解 2001 年联合国政府间气候变化专门委员会出具的第三次评估报告，但其中的很多人却是气候科学否定主义者。 我仍旧记得在卡尔加里看到的一则某次活动的公告：两名没有任何科学技术资质却受雇于阿尔伯塔公司的英国上议院议员从英国飞来，散布了一些关于气候变化的荒谬看法。 当时是 2002 年，我在为《卡尔加里先驱报》（*Calgary Herald*）撰写文章，发表主张批准《京都议定书》的个人观点。 到目前为止，各大石油公司对气候变化一无所知的情况已经基本好转。 加拿大最大的石油公司森科能源的总裁兼首席执行官史蒂夫·威廉姆斯（Steve Williams）在2018年卡尔加里的一次会议上公开表示："气候变化是科学的结论，而且是非常科学的结论。"

2005年，由于达到了法定退休年龄，我只好无奈且突然地卸任女王大学政策研究学院的全职教授一职。 我在渥太华大学的麦克劳伦人口健康风险评估中心找到了一块学术研究的新天地，从事风险管理方面的研究。 我与该中心主任丹·克鲁斯基（Dan Krewski）自他在加拿大卫生部任职时便开始合作，在项目合作方面有长达35年的经验。 我与他，以及另外两名同事麦克·泰申科（Mike Tyshenko）、帕特里夏·拉金（Patricia Larkin）合作，付出大约三年的努力，撰写了一篇题为《框架条约与气候科学：管理全球变暖风险存在的挑战》（*Treaty Framing and Climate Science：Challenges in Managing the Risks of Global Warming*）的文章，并于2021年初在一个可以开放获取的重要期刊上发表。 我非常感谢我的合作者们同意我在本书的第五、六、七章中再现该论文中的部分内容。

我很高兴能够回到麦吉尔女王大学出版社出版本书。 我很荣幸这本书能被编入由丹尼尔·贝兰（Daniel Béland）主编的"加拿大必读书"（*Canadian Essentials*）这一全新系列。 对于这一殊荣，我同时想向出版社的行政主编菲利浦·赛尔康（Philip Cercone）及他的同事们表示衷心感谢。

威廉·莱斯